U0219433

玩美书系

大宫 / 著

青岛出版社
QINGDAO PUBLISHING HOUSE

图书在版编目（CIP）数据

哇！甜品台 / 大宫著. -- 青岛 : 青岛出版社, 2019.4
ISBN 978-7-5552-8146-7

Ⅰ. ①哇… Ⅱ. ①大… Ⅲ. ①甜食—饮食服务—设计 Ⅳ. ①TS972.32

中国版本图书馆CIP数据核字（2019）第056757号

书　　名　哇！甜品台
WA! TIANPINTAI

著　　者　大宫
出版发行　青岛出版社
社　　址　青岛市海尔路182号（266061）
本社网址　http://www.qdpub.com
邮购电话　13335059110　　0532-68068026
策划编辑　周鸿媛
责任编辑　徐　巍　　肖　雷
特约编辑　宋总业
烘焙指导　高东焕
摄　　影　吕忻潞
设计制作　毕晓郁　　叶德永
印　　刷　青岛名扬数码印刷有限责任公司
出版日期　2019年5月第1版　　2020年1月第2次印刷
开　　本　16开（787毫米×1092毫米）
印　　张　20
字　　数　200千
图　　数　1073幅
书　　号　ISBN 978-7-5552-8146-7
定　　价　98.00元

编校质量、盗版监督服务电话　4006532017　　0532-68068638
建议陈列类别：美食类 生活类

致读者

烘焙引进到中国市场，打开了国人的味蕾。甜品台也慢慢地在大家的身边盛行开来。无论是朋友聚会、家庭生日宴，还是婚礼，必定少不了蛋糕的存在。久而久之，私人定制的甜品台也成了大家身边独一无二的纪念品。

首先，本书可以引领烘焙“小白”打开烘焙大门。对于有一定经验的烘焙读者来说，也是个不错的灵感宝典哦！我们提供了一些简单的烘焙以及翻糖的制作技巧，可以让你布置出一场完美的甜品台！从烘焙技法到装饰摆台，保姆式教学，让你的成功率倍增！

其次，书中涵盖了各种类型烘焙甜品的技法。展示不同甜品——翻糖蛋糕、奶油霜蛋糕、饮品、棒棒糖蛋糕、纸杯蛋糕、饼干的装饰，以及不同材质——插牌、玻璃器皿、气球、丝带、kt 板（一种聚苯乙烯板）的装饰。在专业的操作上，降低了每台甜品的制作难度，让你的成功率与信心倍增！与此同时，我们秉持让甜品美貌与美味并存的原则，多次尝试，设计出最佳口感的配方，让大家感受到大宫家甜品的独特魅力！

最后，由衷感谢青岛出版社给予此次合作的机会。感谢大宫家全体员工给予我专业的配合及意见，并且陪伴我牺牲了无数个日夜。在此，我希望我们的专心、细心与耐心，可以让作为读者的你感受到！

序言

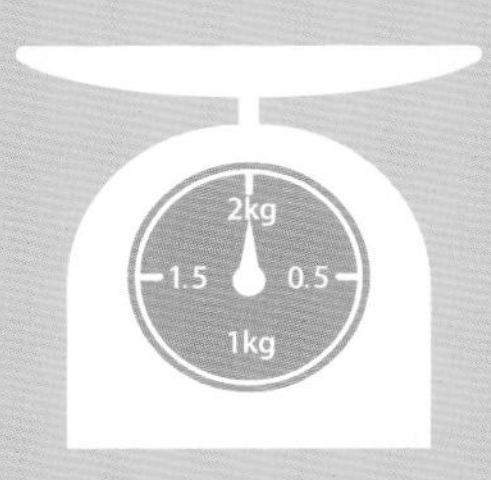

初识大宫老师是在 2014 年惠尔通深圳的导师培训研讨会上。大宫老师严谨而又具亲和力的工作态度给我们留下深刻印象。这些年来作为惠尔通旗下的优秀老师之一，大宫老师为集团培育了分布在国内外的将近 1000 名学员。这些学员中不仅有来自祖国的大江南北的新生代烘焙爱好者，还有韩国、日本、澳大利亚、加拿大、新西兰、美国等慕名而来的国际友人。不得不提一句，我的小女儿也是大宫老师的粉丝之一。

大宫老师的讲课风格贴合实际，教学态度上风趣而不浮夸，教学话语上幽默而又不失严谨，她的课程非常受学员们的欢迎……而她本人对自己的工作一直尽心尽责。

大宫老师在惠尔通课程原有的基础上不断推陈出新，内容新颖且容易被大家所接受。在这里我向大家推荐大宫老师的新书，里面包含了她这么多年来积累的工作经验，语言通俗易懂，相信各位读者可以从书中激发自己的潜能，并爱上它！我们也希望越来越多的读者因为这本书，爱上烘焙！

惠尔通亚太区市场部总监

Kenneth

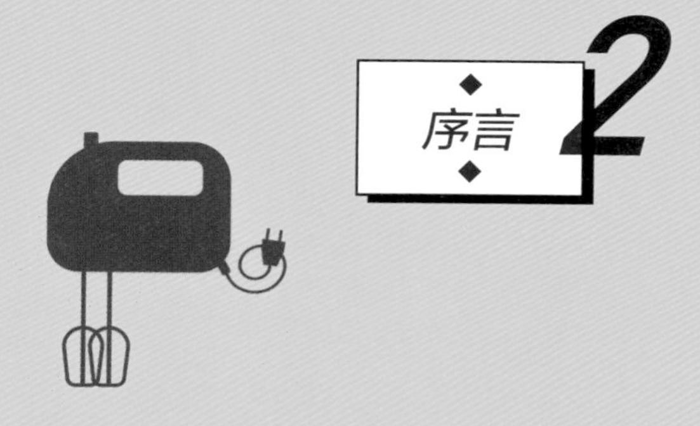

“做甜品很费体力，所以进山来想好好休息一下。”大宫老师坐在山谷里我家的落地玻璃窗前，看着窗外青山长城，带着笑。

我知道她没有开玩笑——就像许多人会认为我们生活在山里的女人只需要穿着白裙子仙儿一样飘来飘去即可一样，做甜品的女子难道不是围上漂亮的围裙，与甜蜜相伴，与色彩共舞，听着音乐再转几个圈圈，生活就美美哒了么！

美，是一条让人们体察到生活之趣且没有门槛的路径。每一种被发现，被创造，被传达的美的背后，都是对生活和艺术乃至对人的用心与关照。更是具体而琐碎的物理性要素的构建，对无数点滴更趋完美的苛求，对个人时间的最大化不吝惜，对体能与付出的终极版不矫情。

做一块美味又美丽的饼干尚且不易，更何况是“翻糖女王的甜品台”！

辛苦你了，大宫老师。

新书出版后，再来山里找我喝茶吧。

儿童文学作家

北京连云岭长城脚下山谷庭院“明明山居”主人

大宫（宫靓）

大宫家烘焙公社创始人
美国惠尔通认证讲师
英国 PME 认证讲师
英国 Squires Kitchen 认证讲师
韩国裱花协会认证讲师
国家高级西点师
国际认证营养师

目录

1

格调北欧

格调北欧

世上不是所有的事情都可以如愿以偿，但所有事情都值得尝试。时间变成了甜甜圈，美好而又温情。淡雅清新的格调让纸杯蛋糕的甜蜜增添了一丝雅致。

2

童年时光

童年时光

五彩斑斓的蛋糕世界，纸杯蛋糕外层酥软的表皮，糖霜饼干的美温润无声、安静、细腻。在甜品的世界里，我找到了童年的梦，如在秋天的园子里找到了迟暮的花。

少年小海军

每个少年心中都有一个海军梦，它寓意着勇敢担当、独立坚强。一组甜品台，让你在回味甜蜜的同时，体验蓝色的世界——碧海蓝天，帆影飘摇，海鸟鸣叫的灯塔，耳边吹响的号角，翻糖蛋糕上停顿的铁锚。

3 

少年小海军

盛夏果实

空气里有甜甜的味道，冰激凌、咖啡、奶茶、甜甜圈……

这是夏天的味道。盛夏的阳光，炎热的空气，冰凉的水果饮，精致的甜品，美好的周末。幸福就像甜甜圈，恰是那几分甜蜜才最好，多一分腻，少一分则淡。

4

盛夏果实

夏日柠檬

夏日柠檬

把棒棒糖埋进心里，能够收获各种幸福，把心事交给时光，可以编织成一缕甜腻的味道。

红灰的雅致

红灰的雅致

宁静雅致的灰与激情澎湃的红，会调和出与众不同的甜品。马卡龙在齿间游曳，一起被月光一般的蛋白包围，满溢甜美的滋味，舌尖一点点磨碎的触觉，俘虏了所有的味蕾。

粉色的梦

顶端尖尖的甜筒，脆脆的蛋皮，让人无法释怀。手捧树莓纸杯蛋糕，想想那些让人嘴角上扬的回忆。用粉色的梦堆砌成爱的样子，再撒上糖霜，就是最美好的味道。

漫步星球

繁星闪烁的夜空，就像棉花糖入口即溶，泡芙上的奶油入口即化。它甜甜的味道，让人难以忘怀。这世间总有一处风景会波澜不惊地落入内心。

“汪星人”派对

“汪星人”派对

来自大自然的鲜明而清新的橘色，涂抹在蛋糕上，配有绚烂的花环点缀，让人忍不住驻足品尝。晶莹剔透、爽滑、清凉，柔软有弹性的果冻，讨好味觉的艺术得到了淋漓尽致的发挥。翻糖饼干粗细不一的线条，勾勒出不同的视觉享受。

蒂芙尼派对

蒂芙尼派对

那里有马卡龙棒棒糖，书写经典的爱情故事；
那里有纸杯蛋糕，散发着烘焙时的焦香；
那里有牛奶藏在蛋糕里，丝滑细腻得犹如你的微笑；
那里有高贵气派的银制餐具，历经岁月沉淀的光泽如新；
那里有陪伴我一生的甜蜜与温馨。

Dessert

FRESH

CUPCAKE

STRAWBERR

CHERRY

甜品台最早出现在英国皇室以及贵族们的婚礼上，在漫长的世俗化过程中逐渐为我国大众所了解。随着近年来“私人定制”风潮的兴起，甜品台逐渐分化出了许许多多的类别，在国内的宝宝宴、生日宴、公司周年庆、婚礼庆典、友人聚会等场合里它的身影出现得越来越频繁。一个标准的甜品台一般由蛋糕、甜性饼干、糖果、含糖饮品等互相搭配构成。按照活动方预先的设计，我们可以使用这些甜品组成一个摆台来表现活动的主题。甜品台布局是有讲究的，其要点主要有三个：颜色搭配、对称性、创造焦点。构图法有很多，比如对称式构图、中心式构图、水平式构图等等，而应用最广泛的则是三角形摆台法，比如倒三角形、单三角形、多三角形等。即使用三角形将富有画面感的翻糖蛋糕、可爱又充满乐趣的卡通饼干、惟妙惟肖的精致糖花有机地结合到一起，搭配上可口的饮品，不仅可以从色、香、味等方面全面满足宾客的食欲，还能成为宴会社交中攀谈的好帮手。

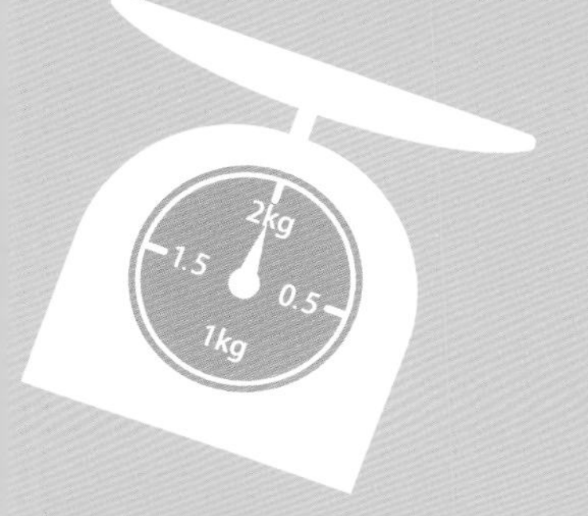

第一章

◆

基础知识

一场完美的甜品台展示，会产生令人惊叹的效果，布置出如此唯美浪漫的艺术品，离不开下面这些必备工具与基本技法。

烘焙工具 1

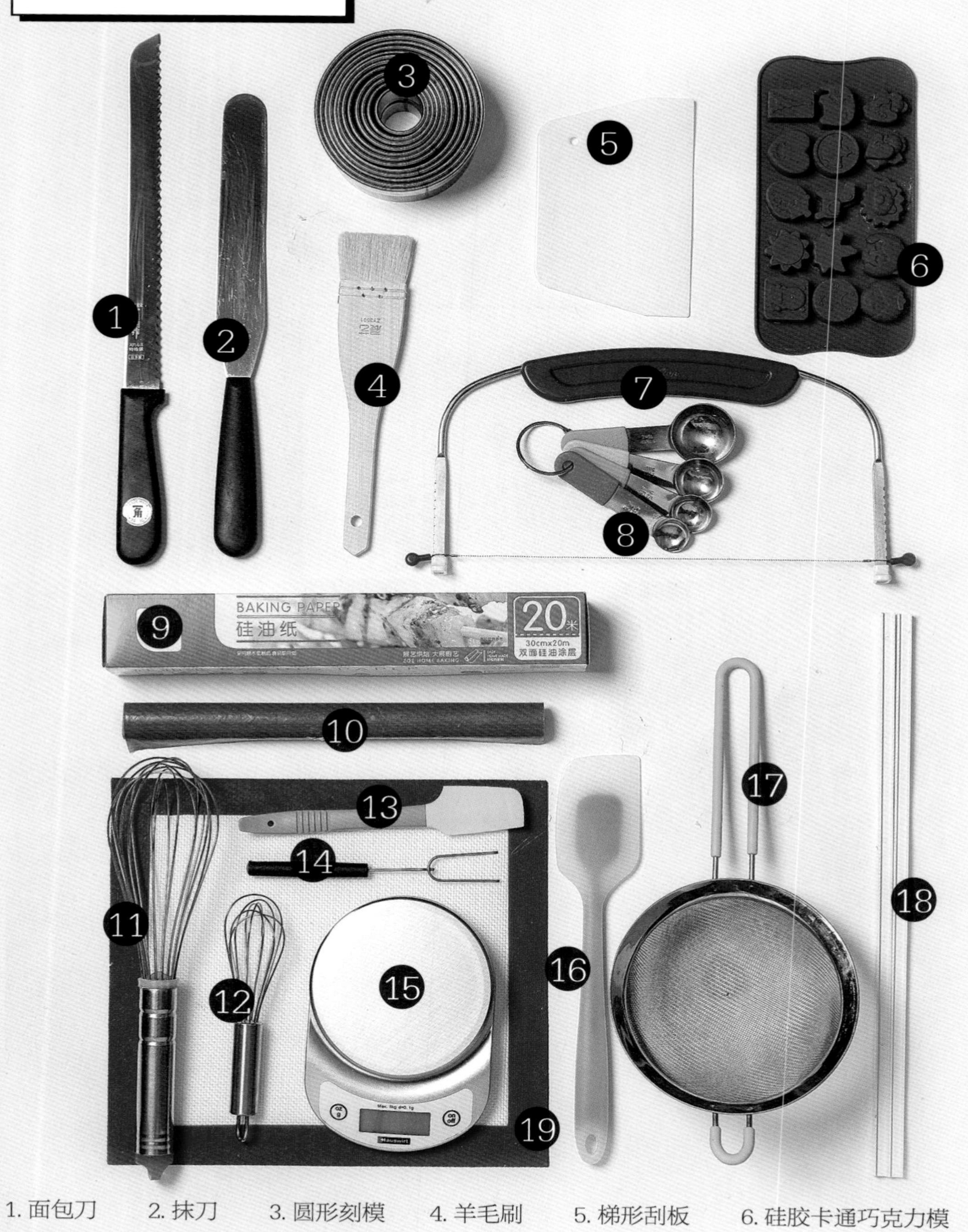

1. 面包刀　2. 抹刀　3. 圆形刻模　4. 羊毛刷　5. 梯形刮板　6. 硅胶卡通巧克力模
7. 蛋糕分层器　8. 量勺　9. 油纸　10. 油布　11. 大号打蛋器　12. 小号打蛋器
13. 小号刮刀　14. 巧克力叉　15. 厨房秤　16. 大号刮刀　17. 面粉筛　18. 厚度尺
19. 硅胶垫

烘焙工具 2

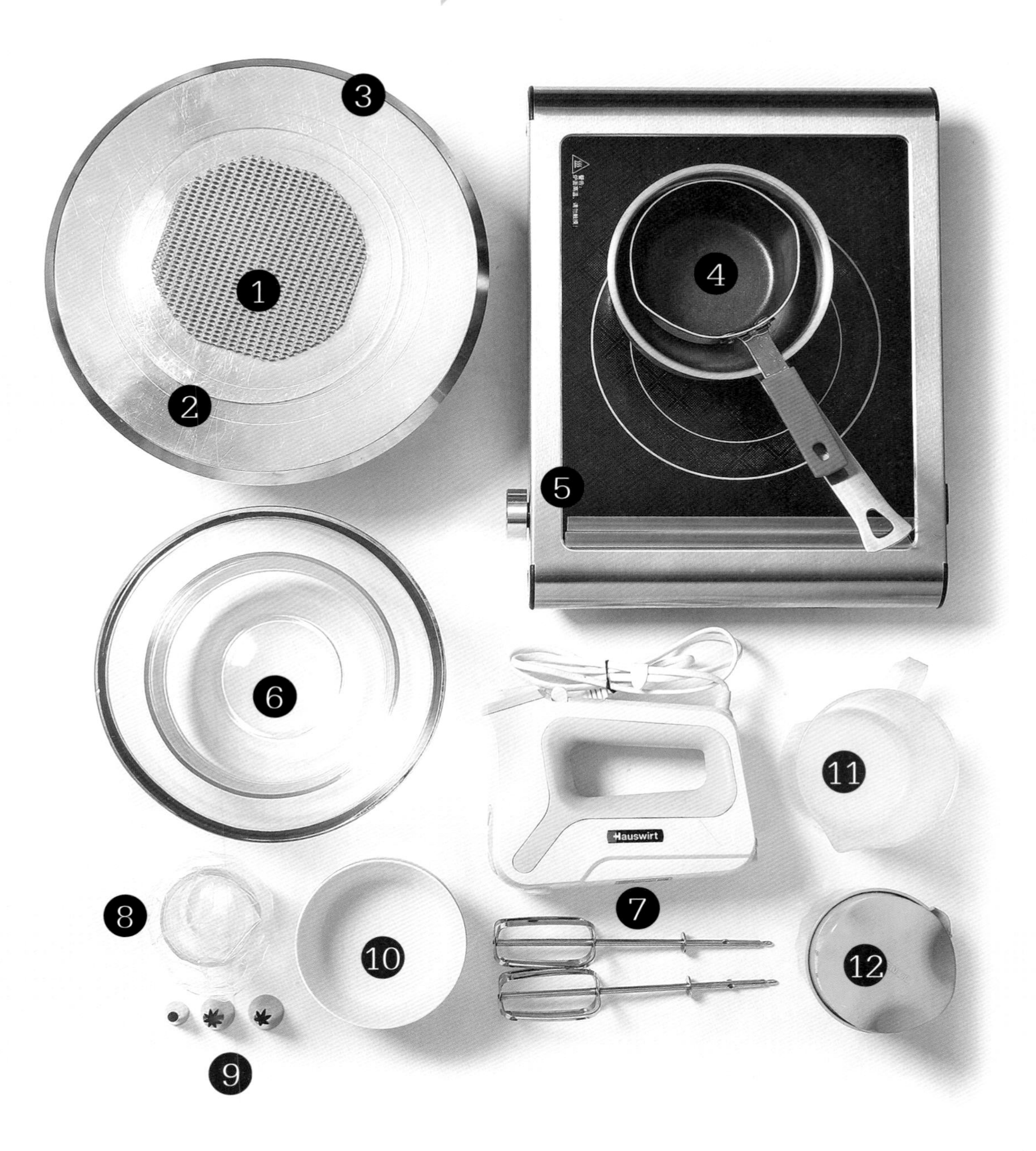

1. 防滑垫　2. 亚克力蛋糕托盘　3. 转盘　4. 小锅　5. 电磁炉　6. 玻璃碗
7. 电动打蛋器　8. 装有裱花袋的瓶子　9. 花嘴　10. 小碗　11. 量杯　12. 柠檬汁榨取器

翻糖工具

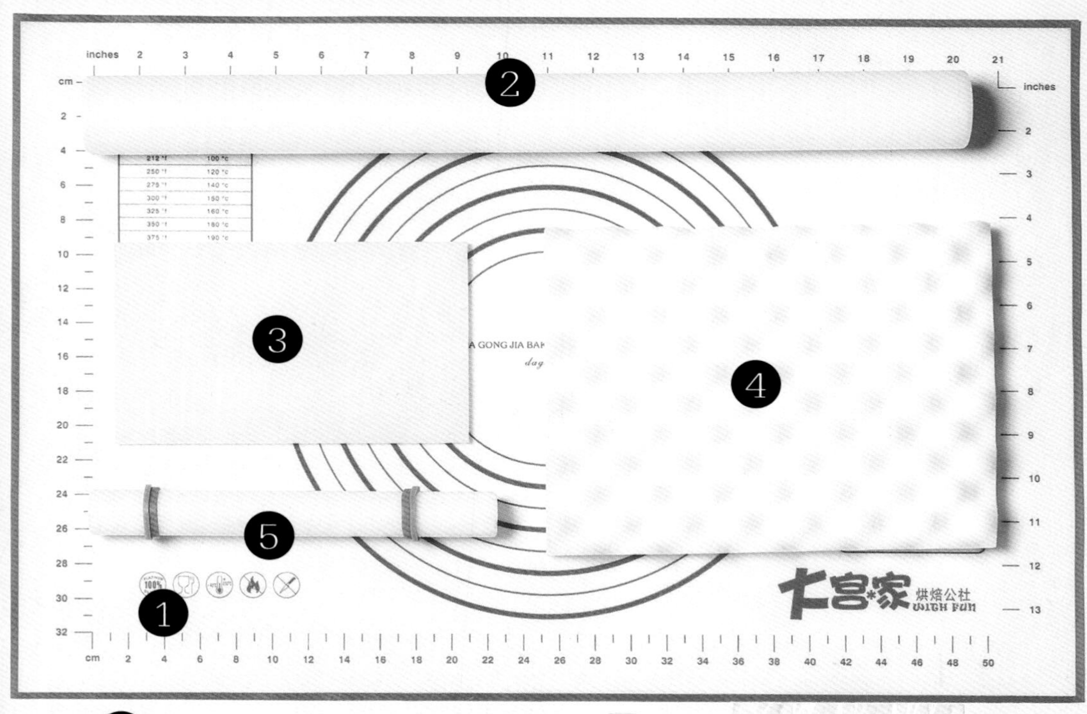

1. 硅胶垫　2. 大号擀面杖　3. 翻糖花茎板　4. 海绵鸡蛋模　5. 小号擀面杖（带厚度圈）
6. 皮尺　7. 调色小盘　8. 翻糖粉扑　9. 翻糖花胶带　10. 糖花铁丝　11. 糖花海绵垫
12. 小号尖嘴钳　13. 切丝钳　14. 轮刀　15. 剪刀　16. 小抹刀　17. 刷子　18. 球棒
19. 刻刀　20. 抹平器　21. 陶瓷刀

翻糖模具

1. 硅胶印花模　2. 牡丹纹路印模　3. 叶子纹路印模　4. 玫瑰刻模　5. 大号菊花刻模
6. 五瓣弹簧刻模　7. 小菊花弹簧刻模　8. 叶子弹簧刻模　9. 大写字母硅胶模具
10. 五瓣花硅胶模具　11. 数字硅胶模具　12. 叶子刻模　13. 牡丹刻模　14. 绳索硅胶模具
15. 晾花碗　16. 小号圆形刻模　17. 饼干刻模

烘焙模具

1. 小号纸杯蛋糕模　2. 大号甜甜圈模　3. 小号甜甜圈模　4. 红白条机制杯　5. 大号油力士纸杯　6. 小号油力士纸杯　7. 花纸杯　8. 小号慕斯圈　9. 6 寸、8 寸蛋糕模　10. 金色烤盘　11. 大号纸杯蛋糕模　12. 咕咕霍夫模

装饰原料

1. Cake Craft（蛋糕工艺）翻糖膏（白色、红色、黑色） 2. 彩色巧克力 3. Cake Craft 干佩斯（白色）
4.Cake Craft 色粉 5. 香草精 6. 红丝绒液 7. Cake Craft 色素

原材料 1

1. 低筋面粉　2. 糖粉　3. 细砂糖　4. 无盐黄油　5. 鸡蛋
6. 淡奶油　7. 奶油芝士　8. 杏仁粉　9. 可可粉

原材料 2

1. 色拉油　2. 红糖　3. 椰蓉　4. 奶粉　5. 柠檬汁　6. 耐烤巧克力豆　7. 杏仁　8. 酸奶
9. 谷物圈　10. 森林混合果　11. 杏仁碎　12. 盐　13. 冻干草莓　14. 鱼胶片　15. 开心果仁
16. 小苏打　17. 卜卜米　18. 黑巧克力　19. 橙皮丁　20. 泡打粉　21. 蓝莓酱　22. 牛奶巧克力
23. 花生米　24. 椰子粉

奶油霜制作及调色

准备材料

无盐黄油	1000g
糖粉	100g

制作过程

1. 无盐黄油放入碗中，用电动打蛋器搅打均匀。
2. 加入糖粉。
3. 继续打发至体积膨大、颜色变浅。

奶油霜调色

4.~6. 用牙签蘸取加入皇家蓝色色素，放入奶油霜中搅拌均匀至浅蓝色。

巧克力调色

准备材料

白巧克力	适量
色素	少许
温水	适量

制作过程

1. 将白巧克力放入玻璃杯中。
2. 将玻璃杯放入盛有温水的碗中加热。
3. 用牙签蘸取色素调至瓶中。
4. 将巧克力搅拌均匀。

蛋白糖霜制作及调色

蛋白糖霜配方（硬质蛋白糖霜）

糖粉	225g
蛋白粉	15g
水	35g

制作过程

1. 将糖粉、蛋白粉倒入碗中，混合均匀。
2. 将糖粉、蛋白粉混合过筛。
3. 混合物中加入水。
4. 用刮刀搅拌均匀。
5. 用电动打蛋器中速打至颜色变白，提起打蛋头上的材料呈现尖峰状。
6. 用保鲜膜将蛋白糖霜密封。

糖霜调色及流动性调节

1. 取部分蛋白糖霜加入适量色素。
2. 将材料搅拌均匀。
3. 用喷壶喷水，调整稀稠程度。
4. 在碗中间划出一道，数 15 秒后能完全恢复平整即可。

造型翻糖调色

制作过程

1. 用牙签蘸少量色素，加入翻糖中。

2~3. 将二者混合均匀。

4. 将调匀色的翻糖放入保鲜袋中，待用。

第二章

精美甜品台实例

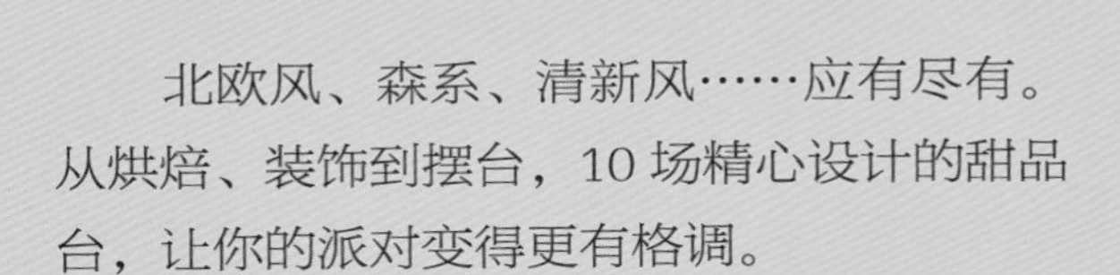

北欧风、森系、清新风……应有尽有。从烘焙、装饰到摆台，10 场精心设计的甜品台，让你的派对变得更有格调。

/ 格调北欧 / 1 /
1
mini 纸杯蛋糕
CupCake
CupCake
CupCake
CupCake
A good life
BLUE MOUNTAINS CACTUS
Dagongjia Baking

ALL YOU
NEED IS
AND WIFI
4
花纸杯蛋糕
Cupcake
3
谷物酸奶杯
2
大理石咕咕霍夫蛋糕
YOGURT

1
格调北欧
mini 纸杯蛋糕
16个

蛋糕体（16 个）

原味纸杯蛋糕配方

鸡蛋	2 个
细砂糖	56g
低筋面粉	60g
玉米油	15g
牛奶	13g
香草精	2.5ml
香橙粒	适量
杏仁碎	适量

制作过程

1. 将鸡蛋磕入碗中，用电动打蛋器打散。
2. 加入细砂糖。
3. 用电动打蛋器高速打发至出现明显纹路，但很快消失。
4. 将电动打蛋器换低速，继续打发至纹路不易消失。
5. 筛入低筋面粉。
6. 用手动打蛋器翻拌均匀成面糊。

7. 将玉米油、牛奶、香草精混合均匀。
8. 取出部分面糊至碗中，将步骤 7 的液体混合物加入到碗中，用手动打蛋器搅拌均匀。
9. 将碗中混合物倒回原面糊中。
10. 用刮刀翻拌均匀。
11. 将面糊装入裱花袋。
12. 挤入 mini 油纸杯中，八分满。
13. 表面撒香橙粒、杏仁碎混合物。
14. 入烤箱，上下火 170℃，烤约 20 分钟，至蛋糕表面呈现金黄色。

装饰

配方

淡奶油	100g
糖粉	6g
香橙粒	适量
杏仁碎	适量

制作过程

1. 淡奶油、糖粉放入碗中，混合均匀。
2. 用电动打蛋器高速打发至出现明显纹路。
3. 将打好的奶油倒入装上裱花嘴的裱花袋，在蛋糕上挤出花型。
4. 表面撒香橙粒、杏仁碎混合物装饰。

2 格调北欧

大理石咕咕霍夫蛋糕

6个

蛋糕体（6个）

配方

无盐黄油	85g
细砂糖	60g
鸡蛋	75g
低筋面粉	120g
泡打粉	1.5g
奶粉	10g
酸奶	45g
可可粉	10g
黄油	4g
牛奶	20g
蓝莓酱	30g

制作过程

原面糊：

1. 无盐黄油用电动打蛋器打散。
2. 加入细砂糖。
3. 打发至体积膨大、颜色变浅。
4. 分3次加入鸡蛋液，待前一次完全吸收后再加入下一次。
5. 筛入低筋面粉、泡打粉、奶粉混合物。
6. 用刮刀翻拌均匀。
7. 倒入酸奶、牛奶混合物。
8. 用刮刀翻拌均匀。

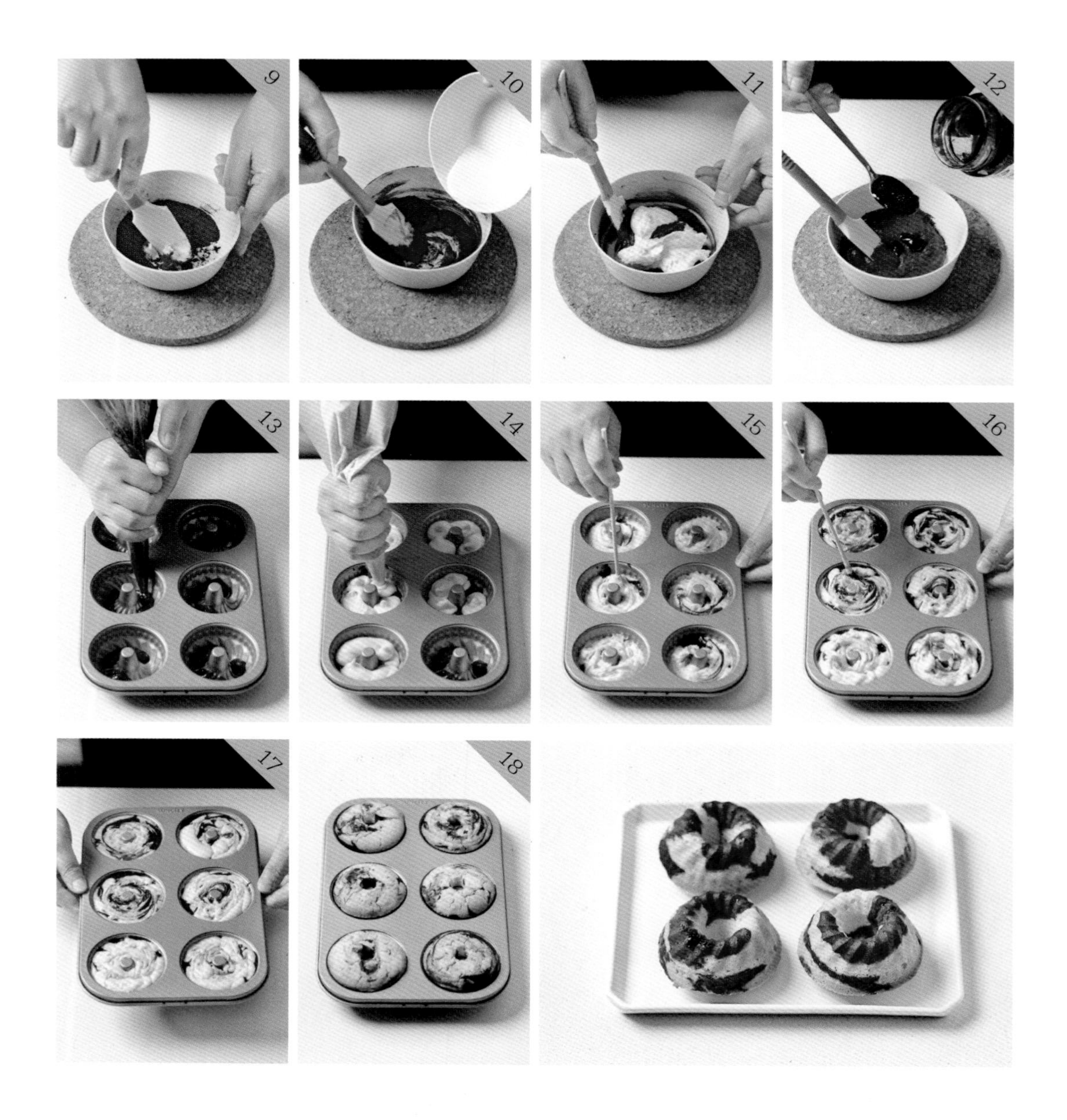

巧克力蛋糕体：

9. 可可粉中加入黄油，用刮刀搅拌均匀。
10. 分多次加入牛奶，用刮刀搅拌均匀。
11. 加入 1/4 原面糊，用刮刀翻拌均匀。
12. 加入蓝莓酱，搅拌均匀。
13. 将巧克力面糊装入裱花袋，在模具中零星挤入巧克力面糊。
14. 再在模具中挤入一些原面糊。
15. 用牙签划动使面糊出现巧克力纹路。
16. 重复步骤 13~15，至面糊九分满。
17. 轻震模具。
18. 入烤箱，上下火 170℃，烤约 35 分钟，至蛋糕表面呈现金黄色。

装饰

配方

白巧克力液	适量
开心果碎	适量

制作过程

1. 在蛋糕体上均匀淋上白巧克力液。
2. 表面撒上开心果碎进行装饰。

3

格调北欧

谷物酸奶杯

6杯

配方（6 杯）

原味酸奶	160g
蜜果脆圈圈	适量
瓶贴	6 枚

制作过程

1. 酸奶倒入杯中，八分满。
2. 放入蜜果脆圈圈。
3. 瓶身上贴装饰贴。

4

格调北欧

花纸杯蛋糕

10个

蛋糕体（10 个）

原味纸杯蛋糕配方

鸡蛋	2 个
细砂糖	56g
低筋面粉	60g
玉米油	15g
牛奶	13g
香草精	2.5ml

制作过程

1. 鸡蛋磕入碗中，用电动打蛋器打散。
2. 加入细砂糖，搅拌均匀。
3. 筛入低筋面粉。
4. 用打蛋器搅拌均匀。
5. 将玉米油、牛奶、香草精混合均匀。
6. 取部分原面糊装入碗中，加入步骤 5 的液体混合物，用打蛋器搅拌均匀。

7. 将碗中混合物倒入原面糊中。
8. 用刮刀翻拌均匀。
9. 将面糊装入裱花袋。
10. 挤入花纸杯中，八分满。
11. 入烤箱，上下火 170℃，烤约 20 分钟，至蛋糕表面呈金黄色。

装饰

配方

淡奶油	150g
糖粉	9g
蜜果脆圈圈	适量
蛋糕插牌	10 枚

制作过程

1. 将淡奶油、糖粉放入碗中，混合均匀。
2. 用电动打蛋器高速打发至出现明显纹路。
3. 将奶油装入装有齿形花嘴的裱花袋，旋转挤出火炬形。
4. 表面撒蜜果脆圈圈装饰并插上蛋糕插牌。

格调北欧·构图

器皿

白色器皿、玻璃器皿、相框

构图

黄金比例散点式构图

背景装饰物

厨房背景墙、案板、花艺等

4 单层零食滴落蛋糕

10 椰奶纸杯蛋糕

8 棉花糖甜筒

9 牛奶杯

3 彩色椰丝香脆球

/ 童年时光 / 2 /

1

童年时光

mini 双层蛋糕

6个

蛋糕体（6 个）

原味蛋糕卷配方

A 部分

蛋黄	4 个
细砂糖	10g
玉米油	40g
凉开水	40g
低筋面粉	40g

B 部分

蛋白	4 个
细砂糖	30g

制作过程

A 部分

1. 蛋黄中加入细砂糖。
2. 用手动打蛋器搅拌至砂糖基本化开。
3. 加入玉米油、凉开水混合物，用手动打蛋器搅拌均匀。
4. 筛入低筋面粉。
5. 用手动打蛋器搅拌均匀。

B 部分

6. 将蛋白用电动打蛋器打散。
7. 加入细砂糖。
8. 将电动打蛋器调至 4 挡，将蛋白打发至提起打蛋头材料呈现小弯钩状态。

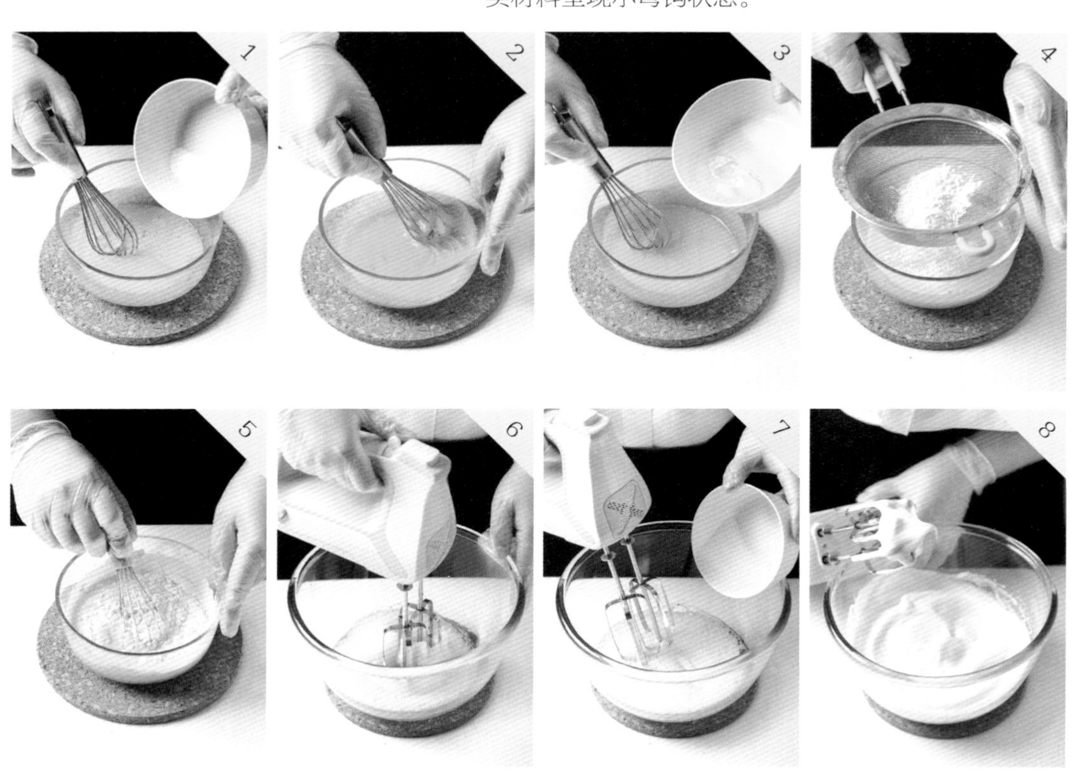

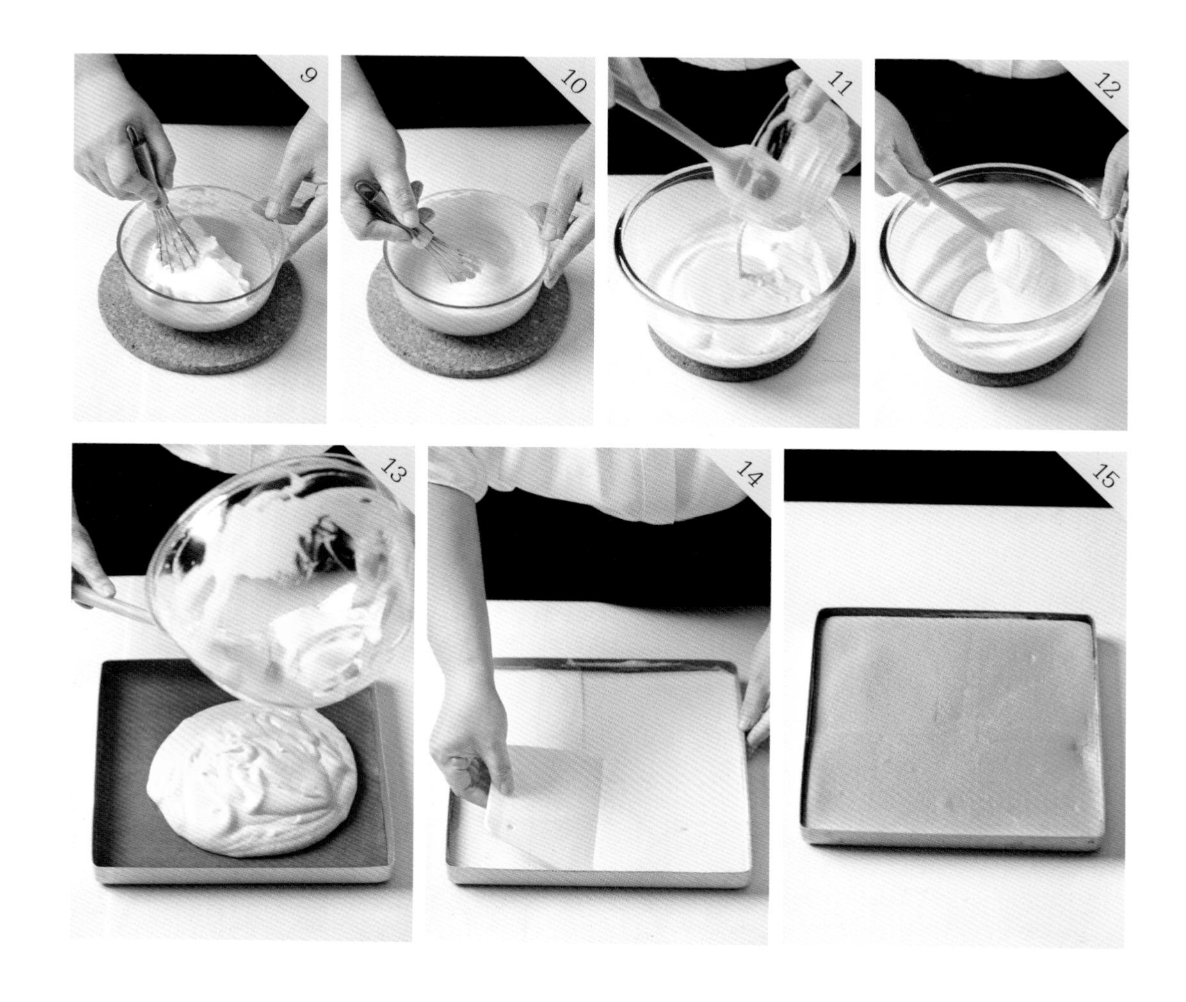

混合

9. 取 1/3 B 部分材料放入 A 部分材料中。
10. 用手动打蛋器搅拌均匀。
11. 将混合物倒回剩余 B 部分材料中。
12. 用刮刀翻拌均匀。
13. 倒入铺好油布的烤盘中。
14. 用刮板将蛋糕糊刮平。
15. 入烤箱，上下火 170℃，烤约 20 分钟，至蛋糕表面呈现金黄色。

装饰

奶油霜

无盐黄油	200g
糖粉	20g

制作过程

1. 无盐黄油用电动打蛋器搅打均匀。
2. 加入糖粉。
3. 打发至体积膨大、颜色变浅。

奶油霜调色

4. 在奶油霜中加入适量粉色色素。

（加入粉色色素后的效果）

整体装饰

5. 将奶油霜装入装有齿形花嘴的裱花袋中，挤在一片蛋糕上。
6. 将另一片蛋糕盖上。
7. 在第二层蛋糕片上挤出玫瑰花形。

2

童年时光

冰激凌糖霜饼干

6块

饼干底（6块）

黄油饼干配方

无盐黄油	200g
细砂糖	160g
鸡蛋	100g
低筋面粉	540g

制作过程

1. 将无盐黄油用刮刀碾拌均匀。
2. 加入细砂糖。
3. 用刮刀混合均匀。
4. 分3次加入鸡蛋液，待前一次完全吸收后再加入下一次。
5. 筛入低筋面粉。
6. 用刮刀碾拌均匀。
7. 待饼干面无干粉时，和成团。
8. 将面团装入保鲜袋。
9. 压成厚度为0.5cm的饼干面饼。
10. 将面饼放在烤盘上，放入冰箱冷藏变硬。
11. 用模具刻出冰激凌形饼干坯。
12. 将面饼坯有间隔地码入烤盘，入烤箱，上下火170℃，烤约15分钟，至饼干表面呈现金黄色。

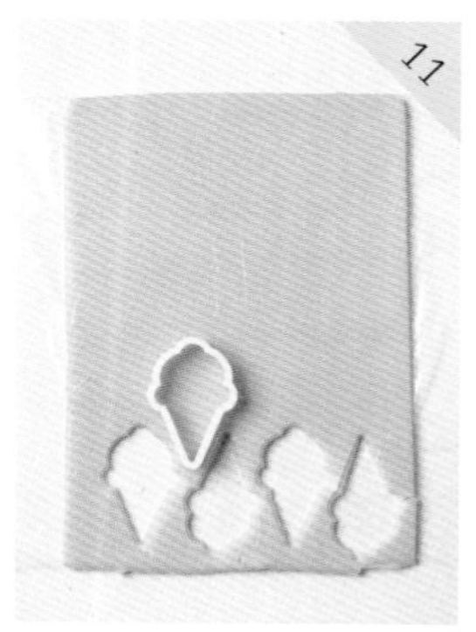

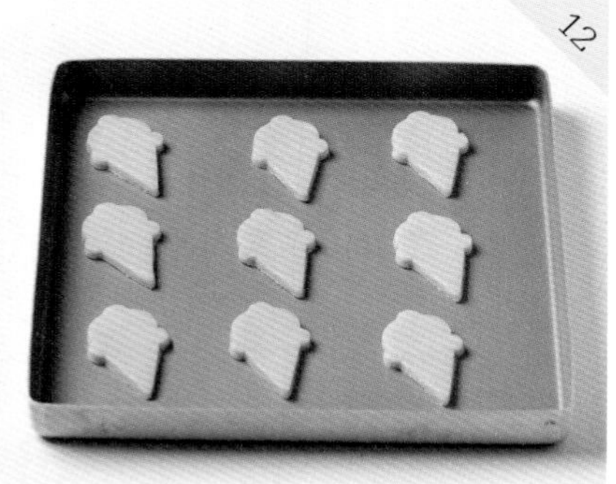

蛋白糖霜调色及装饰

蛋白糖霜配方（硬质蛋白糖霜）

糖粉	225g
蛋白粉	15g
水	35g

调色

1. 按 P.26 方法制作出硬质糖霜。
2. 依 P.27 方法分别用紫色色素、棕色色素、海蓝色色素调制出彩色硬质糖霜及彩色 15 秒糖霜。

硬质糖霜

15 秒糖霜

装饰

4. 用棕黄色 15 秒糖霜勾画冰激凌托。
5. 边角用针笔处理，待表面干燥。
6. 用蓝绿色 15 秒糖霜勾画冰激凌，待干燥。
7. 用棕黄色硬质 10 秒糖霜绘制网格线条。
8. 用蓝绿色硬质糖霜勾画冰淇淋边缘，待干燥。
9. 用针笔辅助造型。
10. 用棕黄色 15 秒糖霜勾画冰激凌顶端。
11. 依法制作紫色冰激凌饼干，每色各画 3 块。

3

童年时光

彩色椰丝香脆球

12个

彩色椰丝

配方

椰丝	50g*3 份
色素	适量

制作过程

1. 用牙签蘸取适量紫色色素。
2. 将色素放入盛有椰丝的袋子中。
3. 用手揉搓，将色素与椰丝混合均匀。
4. 重复以上方法，分别制作出粉色椰丝、蓝绿色椰丝。

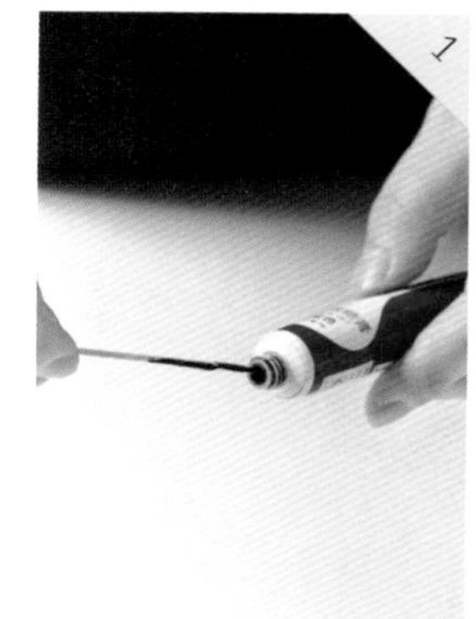

彩色椰丝香脆球（12 个）

配方

海绵蛋糕 （约 14 个纸杯蛋糕的量）	385g
杏仁碎	65g
无盐黄油	95g
谷物圈	95g

装饰

白色巧克力液	300g
粉色椰丝	50g
紫色椰丝	50g
蓝绿色椰丝	50g

制作过程

1. 双手戴上一次性手套，将海绵蛋糕用手搓碎。
2. 将谷物圈放入袋子内，用擀面杖将谷物圈压碎。
3. 将海绵蛋糕碎、谷物圈碎、杏仁碎混合均匀。
4. 加入无盐黄油。
5. 将混合物搅拌均匀。
6. 称量后，分成 20g 一个的蛋糕球。
7. 将蛋糕球搓圆。
8. 将蛋糕球蘸取白色巧克力液。
9. 将蛋糕球放入粉色椰丝中，摇晃小碗，使之均匀裹上一层彩色椰丝。
10. 依法分别制作出紫色、蓝绿色椰丝香脆球。

1
2
3
4
5
6
oz g
200
on off
Hauswirt
7
8
9

4

童年时光

单层零食滴落蛋糕

1个

蛋糕体（1个）

6寸蛋糕配方

鸡蛋	3个
细砂糖	85g
低筋面粉	90g
玉米油	22g
牛奶	20g
香草精	5ml

（注：制作单层零食滴落蛋糕需要2个6寸蛋糕做底坯，以上为1个蛋糕坯配方量）

制作过程

1. 鸡蛋用电动打蛋器打散。
2. 加入细砂糖。
3. 用电动打蛋器高速打发至出现明显纹路，但很快消失。
4. 将电动打蛋器换低速打发至纹路不易消失。
5. 加入过筛低筋面粉。
6. 用手动打蛋器翻拌均匀。
7. 将玉米油、牛奶、香草精混合均匀。
8. 取出一部分面糊，放入小碗中。将三种液体混合物加入面糊中，用手动打蛋器翻拌均匀。

9. 再将小碗中面糊倒回原面糊中。
10. 用刮刀翻拌均匀。
11. 将面糊倒入 6 寸蛋糕模具中，轻震模具。
12. 入烤箱，上下火 170℃，烤约 35 分钟。至蛋糕表面呈现金黄色，取出倒扣在晾网上晾凉。

装饰 1

奶油霜配方

无盐黄油	1000g
糖粉	100g

奶油霜制作过程

1. 将无盐黄油用电动打蛋器搅打均匀。
2. 加入糖粉。
3. 打发至体积膨大、颜色变浅。

奶油霜调色

4. 取海蓝色色素加入部分奶油霜中，调成蓝绿色奶油霜。

5. 取紫色色素加入部分奶油霜中，调成紫色奶油霜。

（加入海蓝色色素后的效果）

（加入紫色色素后的效果）

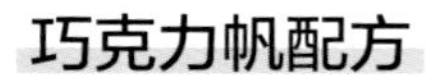

巧克力帆配方

粉色巧克力液　　适量

白色巧克力液　　适量

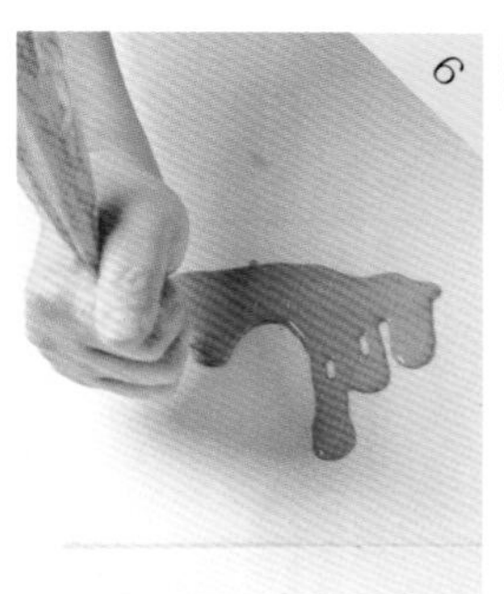

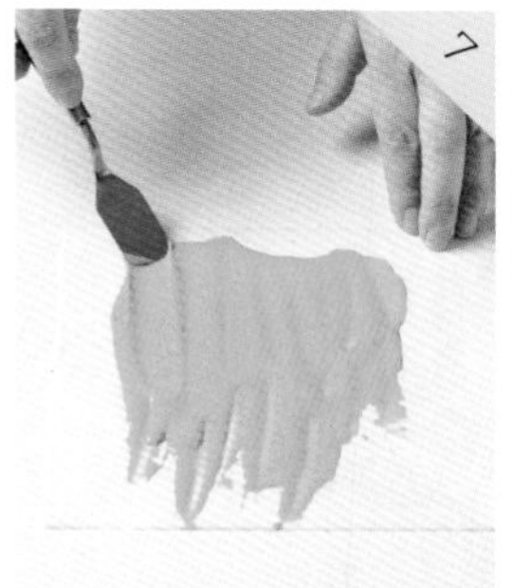

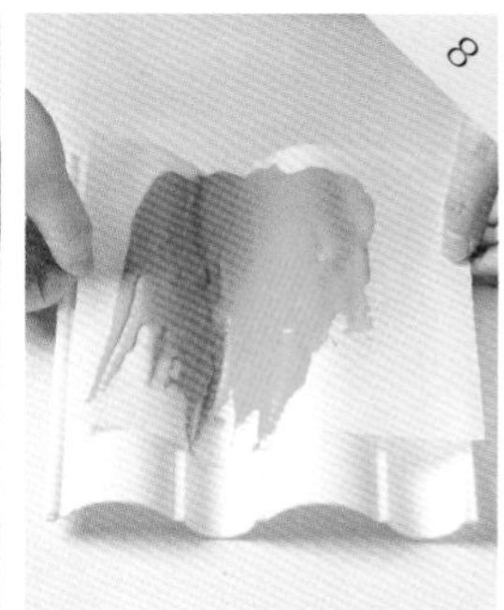

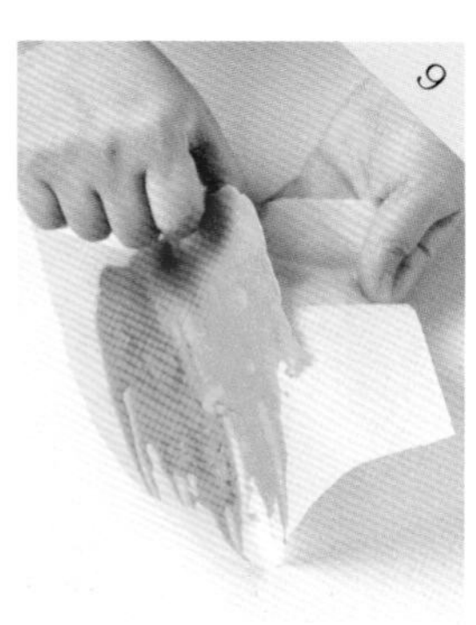

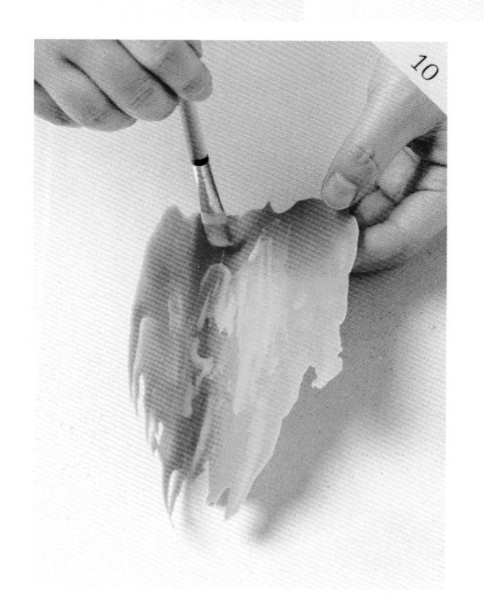

巧克力帆制作过程

6. 将粉色巧克力液装入裱花袋内，不规则地挤到油纸上。

7. 用抹刀涂抹出造型。

8. 放在晾花板上晾干。

9. 待巧克力帆凝固后从油纸上取下。

10. 用毛刷在巧克力帆表面刷上白色巧克力液，待巧克力凝固后备用。

装饰 2

蛋糕脱模及分层

1. 将双手 45° 角向内轻压蛋糕，使蛋糕体侧面与模具剥离。
2. 双手将蛋糕底部顶起。
3. 四指沿模具底托向下按压，使蛋糕体底部与模具剥离。
4. 用蛋糕分层器将蛋糕分层。
5. 将一个 6 寸蛋糕体平均分割成 4 片。

奶油霜抹面

6. 转盘中间放上防滑垫。
7. 防滑垫上放蛋糕底托。
8. 蛋糕底托上抹少许奶油霜。
9. 将一片蛋糕放在底托中央。
10. 用刮刀在蛋糕片上放上奶油霜。

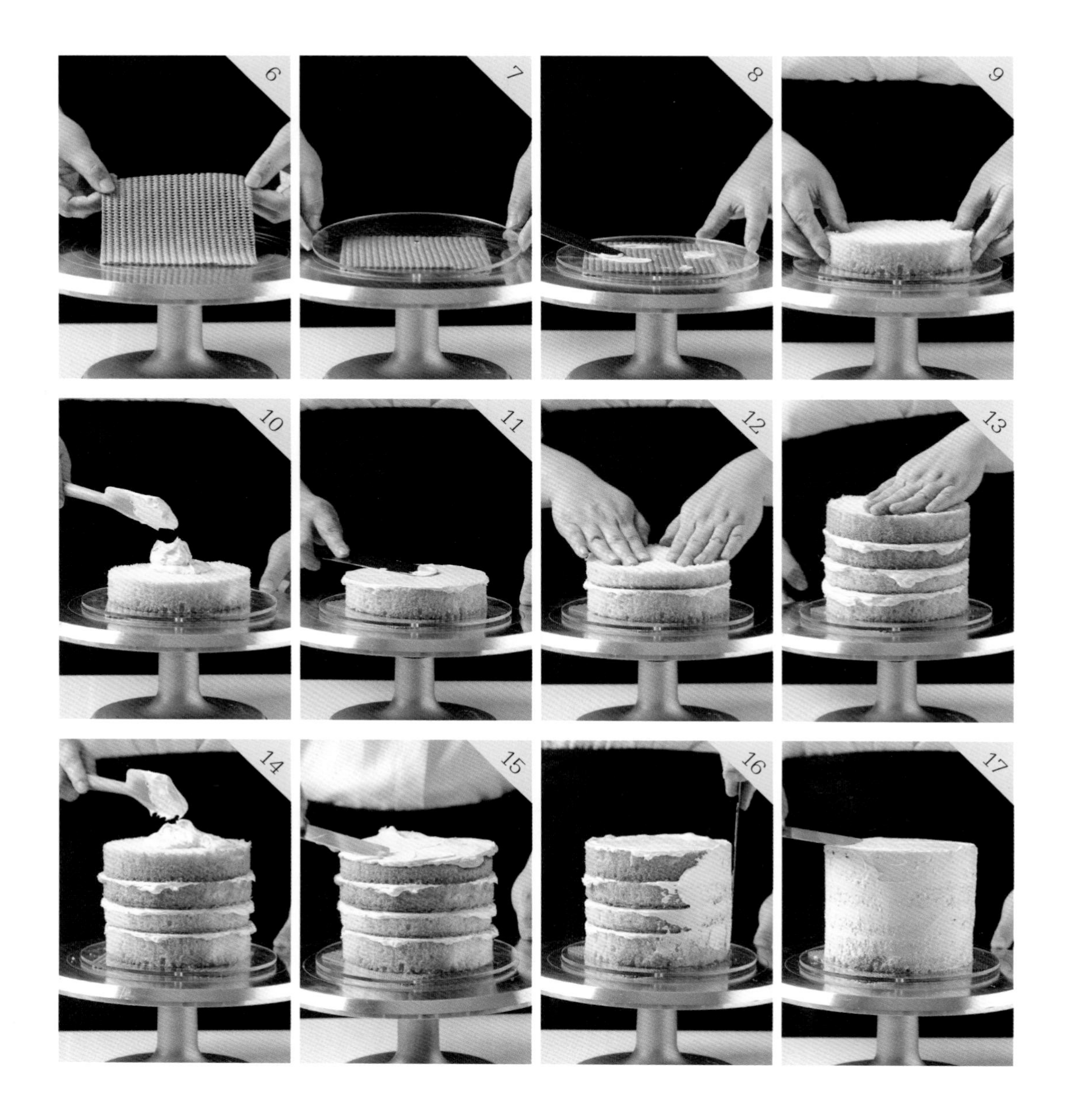

11. 用抹刀将奶油霜抹平。
12. 将第二层蛋糕片放在奶油霜上面。用手轻压，使蛋糕整体平整。
13. 重复以上步骤至四片蛋糕全部摆好。
14. 用刮刀在蛋糕顶部放上少许奶油霜。
15. 用抹刀将顶部抹出薄薄一层奶油霜。
16. 用抹刀将侧面抹出薄薄一层奶油霜。
17. 将蛋糕抹好后，放冰箱冷冻约 20 分钟至表面变硬。

18. 用抹刀将顶部用蓝绿色奶油霜抹平。

19. 用抹刀将侧面用蓝绿色奶油霜大致抹平。

20. 用抹刀将顶部多余蓝绿色奶油霜收平。

21. 用小抹刀取少量紫色奶油霜在蛋糕下部不规则涂抹。

22. 将化开的粉色巧克力均匀滴落在蛋糕顶部边缘。

23. 将装饰物（蛋糕生日插牌、巧克力帆、蛋卷筒、蛋白糖、蛋白糖棒棒糖、装饰糖）摆放在蛋糕上。

5

童年时光

蛋白糖

5个

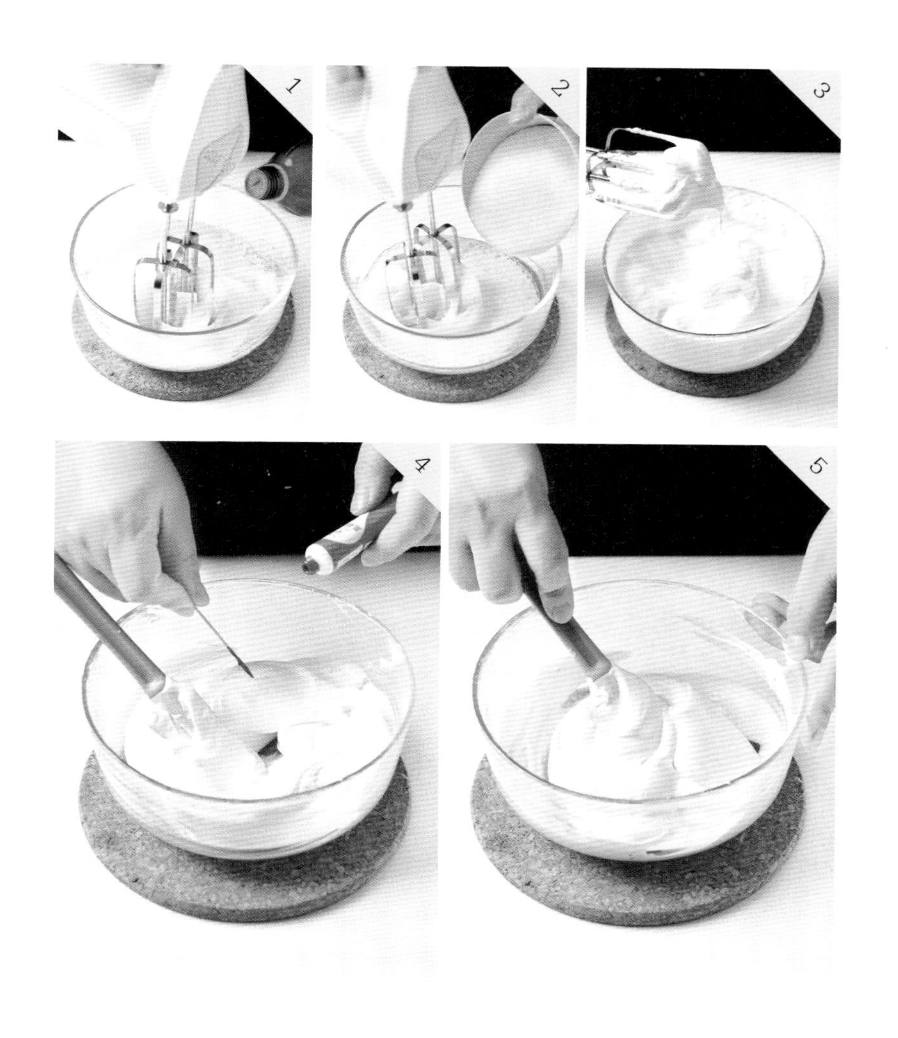

蛋白糖

配方

蛋白	50g
细砂糖	85g
柠檬汁	适量
色素	适量

制作过程

1. 用电动打蛋器将蛋白打散，加入3~4滴柠檬汁，搅拌均匀。
2. 加入细砂糖，高速搅打。
3. 打至纹理清晰，提起打蛋头蛋白糖呈小弯钩状。
4. 取适量色素加入蛋白糖中调色。
5. 将蛋白糖用刮刀翻拌均匀。

蛋白糖棒棒糖 *5 个

6. 将蛋白糖装入装有齿形花嘴的裱花袋，在油纸上挤少量蛋白糖。
7. 将棒棒糖棍粘在上面。
8. 挤出玫瑰花形。

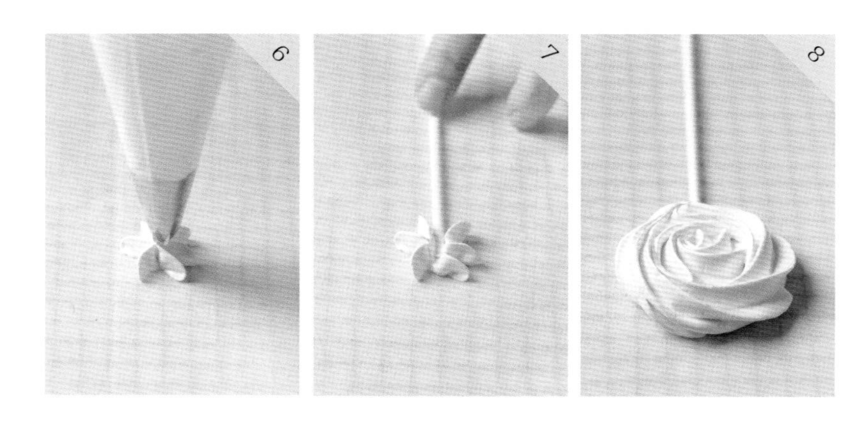

其他形状蛋白糖

9. 用装有齿形及圆形花嘴的裱花袋，分别垂直挤出蛋白糖霜。
10. 入烤箱，上下火 100℃，烤约 1 小时，待蛋白糖完全干燥。

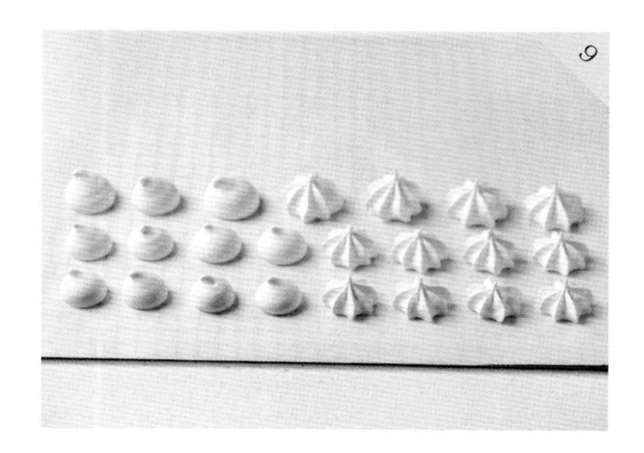

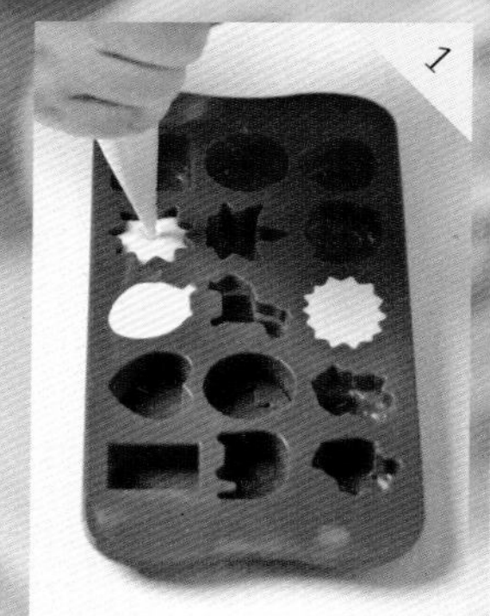

卡通巧克力

配方

粉色巧克力	50g
紫色巧克力	50g
蓝色巧克力	50g

制作过程

1. 将巧克力化开后，挤入模具中。
2. 待巧克力完全凝固后，脱模。

7

童年时光

棉花糖罐

2个

配方

粉白棉花糖	适量
蓝白棉花糖	适量

8

童年时光

棉花糖甜筒

6个

配方

爆米花	适量
白巧克力	适量
彩色砂糖	适量

制作过程

1. 将化开的白巧克力倒入爆米花中。
2. 快速将巧克力液与爆米花搅拌均匀。
3. 将巧克力爆米花装入甜筒中。
4. 将彩色砂糖倒入棉花糖机。
5. 开机后待出现棉花糖，用甜筒卷起棉花糖即可。

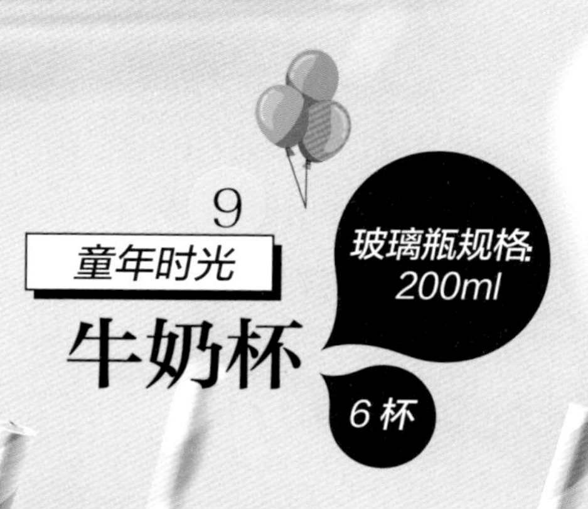

牛奶杯

配方（6 杯）

牛奶	1000g
瓶贴	6 枚
粉白吸管	6 根

制作过程

1. 将牛奶倒入瓶中，八分满。
2. 瓶身上贴上装饰贴。
3. 插入粉白吸管。

10

童年时光

椰奶纸杯蛋糕

12 个

椰奶纸杯蛋糕体（12 个）

配方

鸡蛋	3 个
细砂糖	84g
低筋面粉	90g
玉米油	22g
凉开水	15g
椰子粉	10g
香草精	5ml

制作过程

1. 将鸡蛋磕入碗中，用电动打蛋器打散。
2. 加入细砂糖。
3. 用电动打蛋器高速打发至出现明显纹路，但很快消失。
4. 将电动打蛋器换低速，打发至纹路不易消失。
5. 筛入低筋面粉。
6. 用手动打蛋器将面糊翻拌均匀。
7. 将玉米油、凉开水、椰子粉、香草精混合均匀。
8. 取出一部分面糊放入小碗中，将步骤 7 的液体混合物加入小碗中，用手动打蛋器翻拌均匀。

9. 将小碗中的混合物再倒回原面糊中。
10. 用刮刀将面糊翻拌均匀。
11. 将拌匀的步骤 10 的面糊装入裱花袋。
12. 挤入油纸杯中，八分满。
13. 入烤箱，上下火 170℃，烤约 25 分钟，至蛋糕表面呈现金黄色。

奶油霜

配方

无盐黄油	350g
糖粉	35g

制作过程

1. 将无盐黄油用电动打蛋器搅打均匀。
2. 加入糖粉。
3. 打发至体积膨大、颜色变浅。

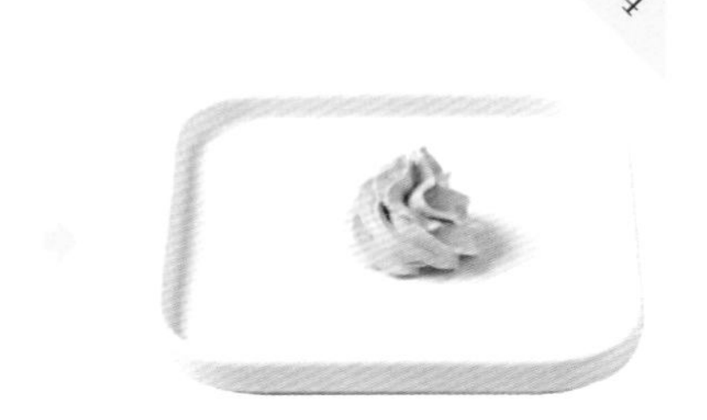

（加入混合色素后的效果）

奶油霜调色

4. 取适量白色、粉色、紫色色素，加入部分奶油霜中，调成粉色奶油霜。
5. 取适量海蓝色色素加入部分奶油霜中，调成蓝绿色奶油霜。

（加入海蓝色色素后的效果）

装饰

粉色纸杯蛋糕配料

椰奶纸杯蛋糕　　7 个
粉色奶油霜　　200g
粉色装饰糖　　适量

制作过程

1. 将粉色奶油霜装入裱花袋，用齿形裱花嘴在纸杯蛋糕上挤出粉色火炬造型。
2. 表面撒上粉色装饰糖。

蓝色纸杯蛋糕配料

椰奶纸杯蛋糕　　5 个
蓝绿色奶油霜　　180g
插牌　　5 个

制作过程

1. 将蓝绿色奶油霜装入裱花袋，用齿形裱花嘴在纸杯蛋糕上挤出蓝色火炬造型。
2. 插入蛋糕插牌。

童年时光·构图

器皿

白色器皿

构图

水平构图

桌布

白色桌布 + 粉色 TuTu 纱（一种纱布）

背景装饰物

画框、灯箱、贴纸、挂饰

少年小海军 3

H
D
5 双层主蛋糕
2 棒棒糖饼干
ONE
8 糖罐和爆米花桶
HAPPY Birthday
7 意式奶冻杯
3 翻糖饼干
Y

1 少年小海军

mini 多纳圈

12个

多纳圈坯（12 个）

配方

鸡蛋	1 个
细砂糖	35g
低筋面粉	50g
泡打粉	1g
玉米油	27g
香草精	2.5ml

制作过程

1. 鸡蛋用手动打蛋器打散。
2. 加入细砂糖，搅拌均匀。
3. 加入过筛的低筋面粉、泡打粉混合物，用手动打蛋器搅拌均匀。
4. 加入玉米油，搅拌均匀。
5. 加入香草精，搅拌均匀。
6. 将面糊装入裱花袋。
7. 挤入小的甜甜圈模具中，九分满。
8. 入烤箱，上下火 170℃，烤约 25 分钟，至表面呈现金黄色。

装饰 1

蛋白糖霜配方

糖粉	150g
蛋白粉	10g
凉开水	23g
红色色素	适量

制作过程

1. 将糖粉、蛋白粉用手动打蛋器混合均匀。
2. 过筛糖粉、蛋白粉混合物。
3. 加入凉开水。
4. 用刮刀搅拌至无干粉。
5. 用电动打蛋器 3 挡将混合物打发至颜色变白、提起打蛋头材料呈现小尖峰状。
6. 用保鲜膜盖好防止干燥。

7. 取适量蛋白糖霜放入另一小碗，加入红色色素调色。
8. 喷入适量凉开水。
9. 调节至提起刮刀材料呈现小弯钩状。
10. 将红色糖霜装入裱花袋。

装饰 2

配方

白巧克力液	适量
红色糖霜	适量

制作过程

1. 将巧克力叉插入 mini 多纳圈。
2. 均匀蘸取白巧克力液。
3. 将多纳圈放至油布上，待白巧克力液凝固。
4. 用红色糖霜为 mini 多纳圈勾画线条。

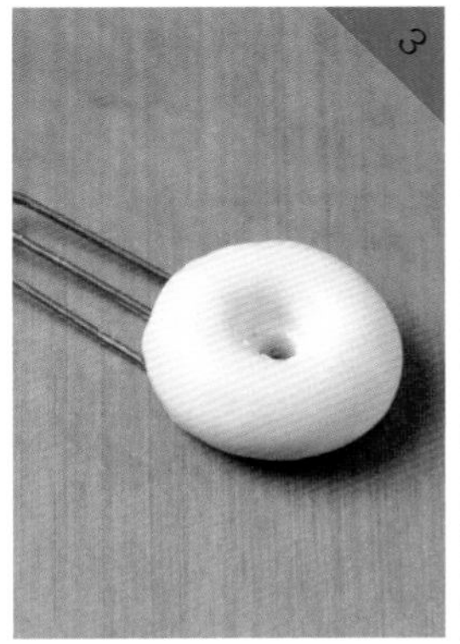

棒棒糖饼干

饼干规格：
直径 5.5cm
的圆模

12 块

饼干底（12 块）

黄油饼干配方

无盐黄油	100g
细砂糖	80g
鸡蛋	50g
低筋面粉	270g
20cm 长的棒棒糖棍	12 根

制作过程

1. 将无盐黄油用刮刀碾拌均匀。
2. 加入细砂糖。
3. 用刮刀混合均匀。
4. 分 3 次加入鸡蛋液，待前一次完全混合均匀后再加入下一次。
5. 筛入低筋面粉。
6. 用刮刀碾拌均匀。

7. 待饼干面无干粉，和成面团。

8. 将面团装入保鲜袋中。

9. 用擀面杖和厚度尺将面团擀压成 0.5cm 厚的饼干面饼。

10. 将面饼放在烤盘上，放入冰箱冷藏至变硬。

11. 取出面饼后，用饼干模具刻出直径 5cm 的圆形饼干。

12. 放在棒棒糖棍上面，轻拍使饼干面与棒棒糖棍粘连。

13. 入烤箱，上下火 170℃，烤约 15 分钟，至饼干表面呈现金黄色。

装饰

配方

帆船图案糯米纸	12 张
蓝色透明丝带	适量
白色糖霜	适量

制作过程

1. 将蓝色透明丝带系成蝴蝶结。
2. 将蝴蝶结背面粘上双面胶。
3. 将蝴蝶结粘贴在棒棒糖棍上。
4. 用剪刀沿糯米纸图案边缘将图案剪下。
5. 饼干表面挤少量糖霜。
6. 将糯米纸图案粘贴在饼干表面，轻压使图案平整。

3

少年小海军

翻糖饼干

饼干规格：
边长 6cm
的方模

12 块

饼干底（12块）

黄油饼干配方

无盐黄油	200g
细砂糖	160g
鸡蛋	100g
低筋面粉	540g

制作过程

1. 将无盐黄油用刮刀碾拌均匀。
2. 加入细砂糖。
3. 用刮刀混合均匀。
4. 分3次加入鸡蛋液，待前一次完全混合均匀后再加入下一次。
5. 筛入低筋面粉。
6. 用刮刀碾拌均匀。
7. 至饼干面无干粉，和成面团。
8. 将面团装入保鲜袋中。

9. 用厚度尺和擀面杖将面团擀成 0.5cm 厚的饼干面饼。
10. 将面饼放在烤盘上，放入冰箱冷藏至变硬。
11. 用模具刻出边长 6cm 的正方形饼干。
12. 入烤箱，上下火 170℃，烤约 15 分钟，至饼干表面呈现金黄色。

装饰

配方

红色翻糖	适量
白色翻糖	适量
蓝色干佩斯	适量
白色糖霜	适量

制作过程

1. 将红色翻糖擀至粉圈厚度（1.5mm）。
2. 在操作板上拍上防粘粉。
3. 用边长 6cm 的正方形模具刻制翻糖片。
4. 在饼干表面刷少量糖霜。

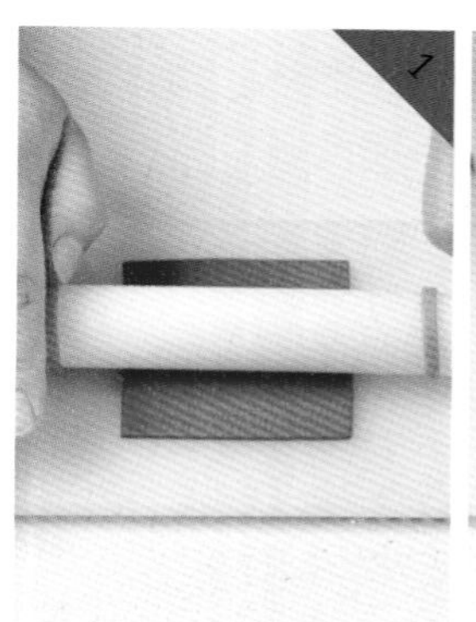

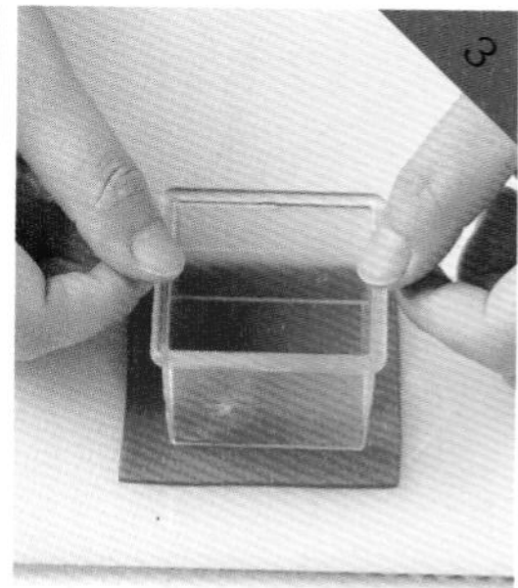
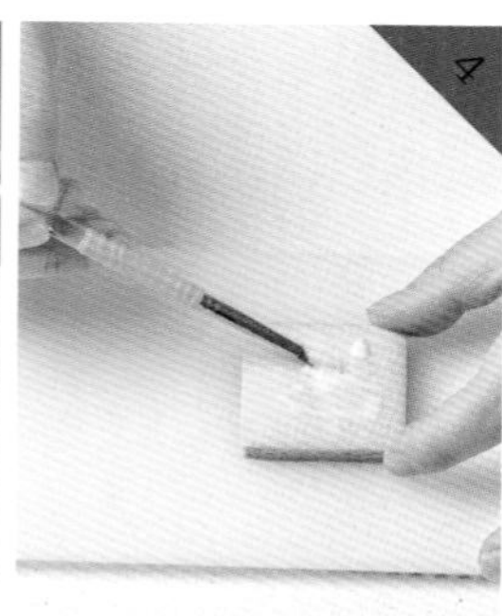

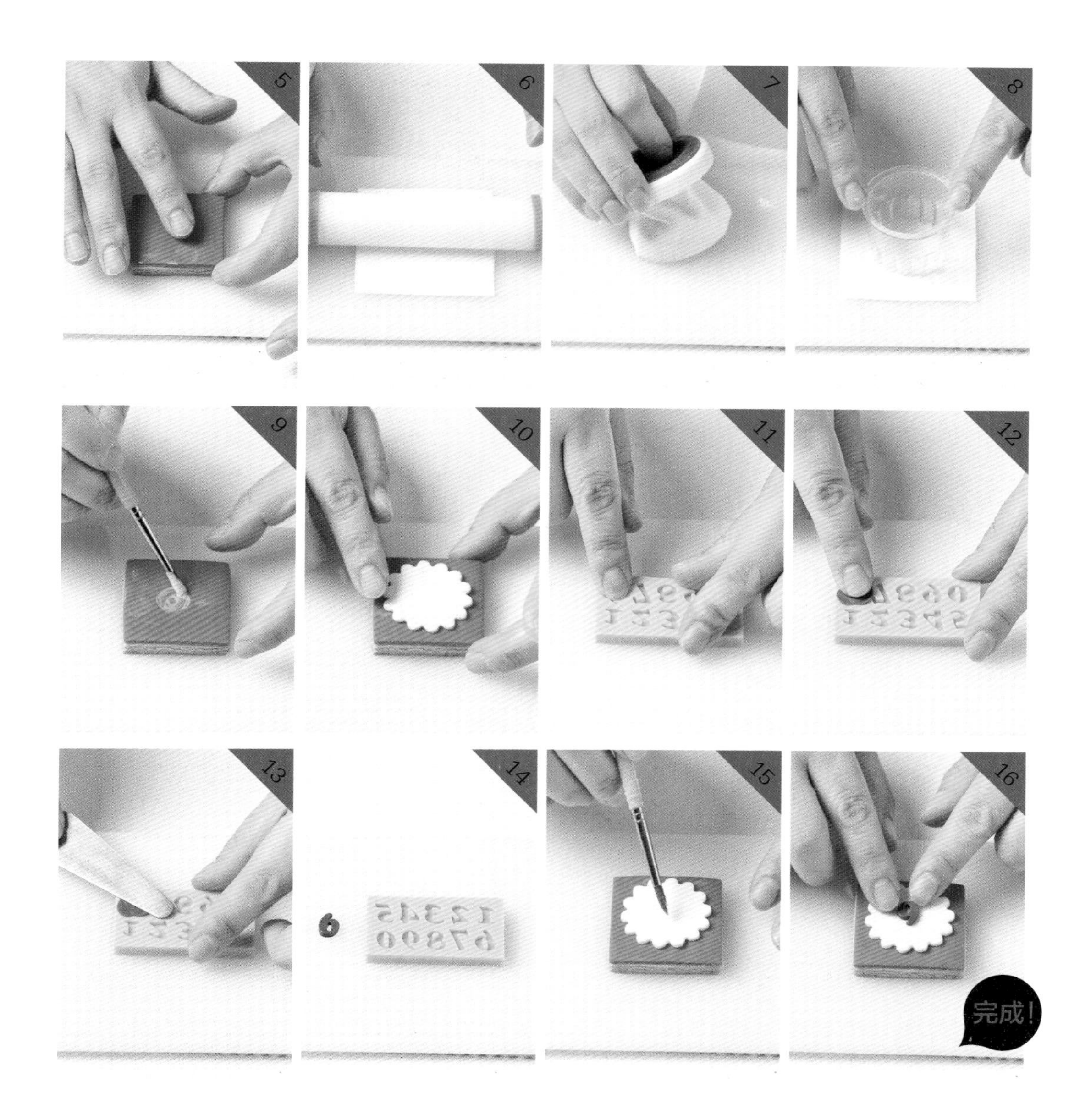

5. 将红色翻糖片覆盖在饼干表面。
6. 将白色翻糖擀至粉圈厚度（1.5mm）。
7. 在操作板上拍上防粘粉。
8. 用直径 4cm 的牙极模具刻制翻糖片。
9. 在饼干表面刷少量糖霜。
10. 将白色翻糖片粘贴在红色翻糖片中间。
11. 在数字模具中涂薄薄一层白油。
12. 将蓝色干佩斯压入模具。
13. 用抹刀清除多余干佩斯。
14. 将数字干佩斯翻出。
15. 在白色翻糖片中间刷少量糖霜。
16. 将数字干佩斯贴在白色翻糖片中间。

4 少年小海军

14个

柠檬纸杯蛋糕

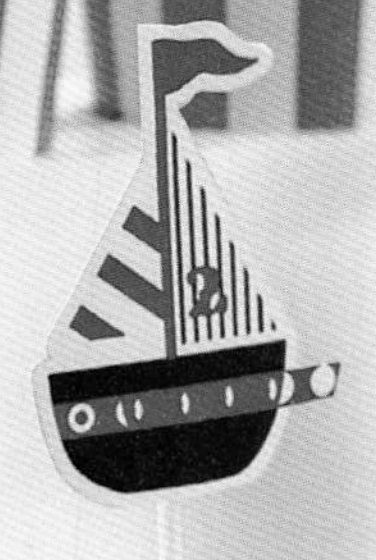

蛋糕体（14 个）

柠檬纸杯蛋糕配方

鸡蛋	4 个
细砂糖	120g
低筋面粉	120g
玉米油	30g
香草精	5ml
牛奶	20g
柠檬汁	11g
柠檬皮屑	2 个柠檬削皮的量

制作过程

1. 将鸡蛋液用电动打蛋器打散。
2. 加入细砂糖。
3. 用电动打蛋器高速打发至出现明显纹路，但很快消失。
4. 将电动打蛋器换低速打发至纹路不易消失。
5. 筛入低筋面粉。
6. 用手动打蛋器翻拌均匀成面糊。
7. 将玉米油、香草精混合均匀。
8. 取一部分面糊放入小碗中，加入步骤 7 的液体混合物，用手动打蛋器搅拌均匀。

9. 再加入牛奶与柠檬汁的混合物，用手动打蛋器搅拌均匀。
10. 加入柠檬皮屑，继续搅拌均匀。
11. 将小碗中搅拌好的混合物倒回原面糊中。
12. 用刮刀翻拌均匀。
13. 将面糊装入裱花袋。
14. 将面糊挤入两种纸杯中，均八分满。
15. 入烤箱，上下火 170℃，烤约 25 分钟，至蛋糕表面呈现金黄色。

装饰

奶油霜配方

无盐黄油	450g
糖粉	45g
蛋糕插牌	14 枚

制作过程

1. 将无盐黄油用电动打蛋器搅打均匀。
2. 加入糖粉。
3. 打发至体积膨大、颜色变浅。

4~5. 将奶油霜装入装有齿形花嘴的裱花袋，在蛋糕上旋转挤出火炬造型。

6. 插上蛋糕插牌装饰。

7~8. 同上步骤在另一款蛋糕上旋转挤出火炬造型奶油霜。

9. 插上蛋糕插牌装饰。

5

少年小海军

双层主蛋糕

蛋糕体（1 个）

6 寸蛋糕配方

鸡蛋	3 个
细砂糖	85g
低筋面粉	90g
玉米油	22g
牛奶	20g
香草精	5ml

（注：需要 2 个 6 寸蛋糕坯，以上为 1 个的配方量）

8 寸蛋糕配方

鸡蛋	5 个
细砂糖	142g
低筋面粉	150g
玉米油	37g
牛奶	33g
香草精	8ml

（注：需要 1.5 个 8 寸蛋糕坯，以上为 1 个的配方量）

制作过程

1. 将鸡蛋液用电动打蛋器打散。
2. 加入细砂糖。
3. 用电动打蛋器高速打发至出现明显纹路，但很快消失。
4. 将电动打蛋器换低速打发至纹路不易消失。

5. 筛入低筋面粉。
6. 用手动打蛋器翻拌均匀。
7. 将玉米油、牛奶、香草精混合均匀。
8. 取出一部分面糊放入小碗中，加入步骤 7 的液体混合物，用手动打蛋器翻拌均匀。
9. 再将混合物倒回原面糊中。
10. 用刮刀将面糊翻拌均匀。
11. 将面糊倒入蛋糕模具，轻震模具。
12. 入烤箱，上下火 170℃，6 寸蛋糕坯需烤约 35 分钟，8 寸蛋糕坯需烤约 45 分钟。至蛋糕表面呈现金黄色。倒扣在晾网上晾凉。

装饰 1

奶油霜

无盐黄油	1000g
糖粉	100g

制作过程

1. 将无盐黄油用电动打蛋器搅打均匀。
2. 加入糖粉。
3. 打发至体积膨大、颜色变浅。

奶油霜调色

4. 取适量皇家蓝色色素加入到奶油霜中，搅拌均匀。

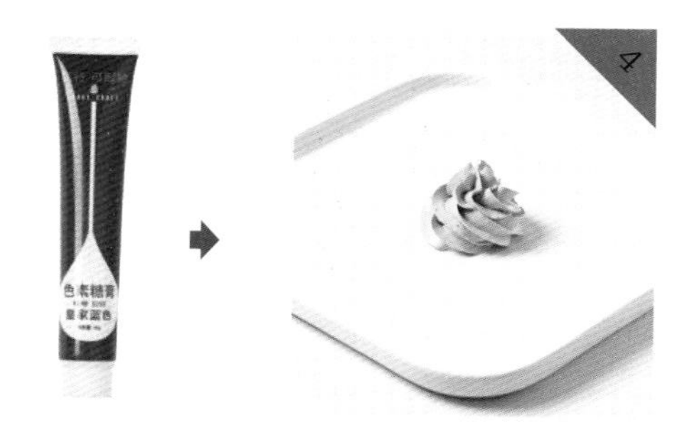

（加入皇家蓝色色素后的效果）

装饰 2

蛋糕脱模及分层

1. 将双手 45° 角向内轻压蛋糕，使蛋糕体侧面与模具剥离。
2. 双手将蛋糕底部顶起。
3. 四指沿模具底托向下按压，使蛋糕体底部与模具剥离。
4. 用蛋糕分层器将蛋糕分层。（2 个 6 寸蛋糕均分成 4 片，1.5 个 8 寸蛋糕均分成 3 片）

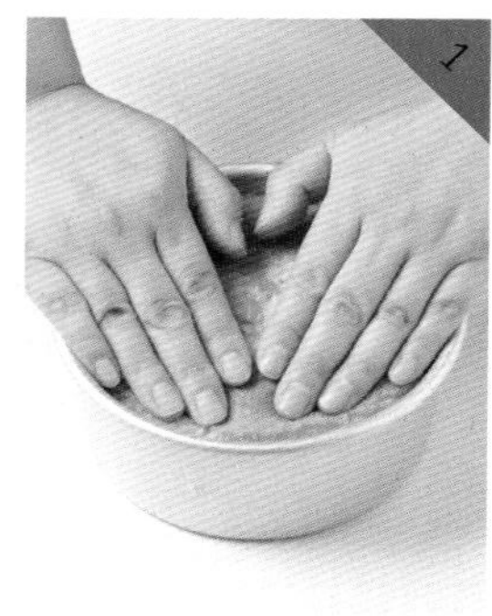

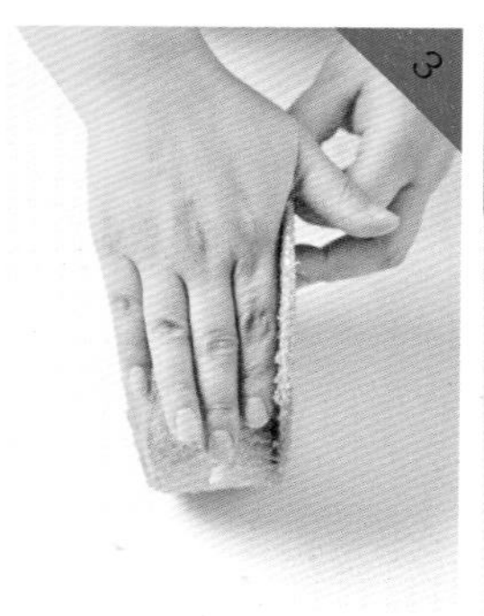

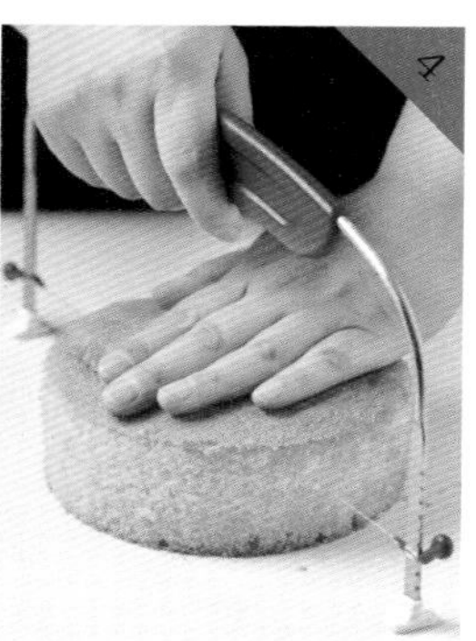

奶油霜抹面

5. 在转盘中间放防滑垫。
6. 防滑垫上放蛋糕底托。
7. 在蛋糕底托上抹少许奶油霜。
8. 将一片 6 寸蛋糕切片放在底托中央。

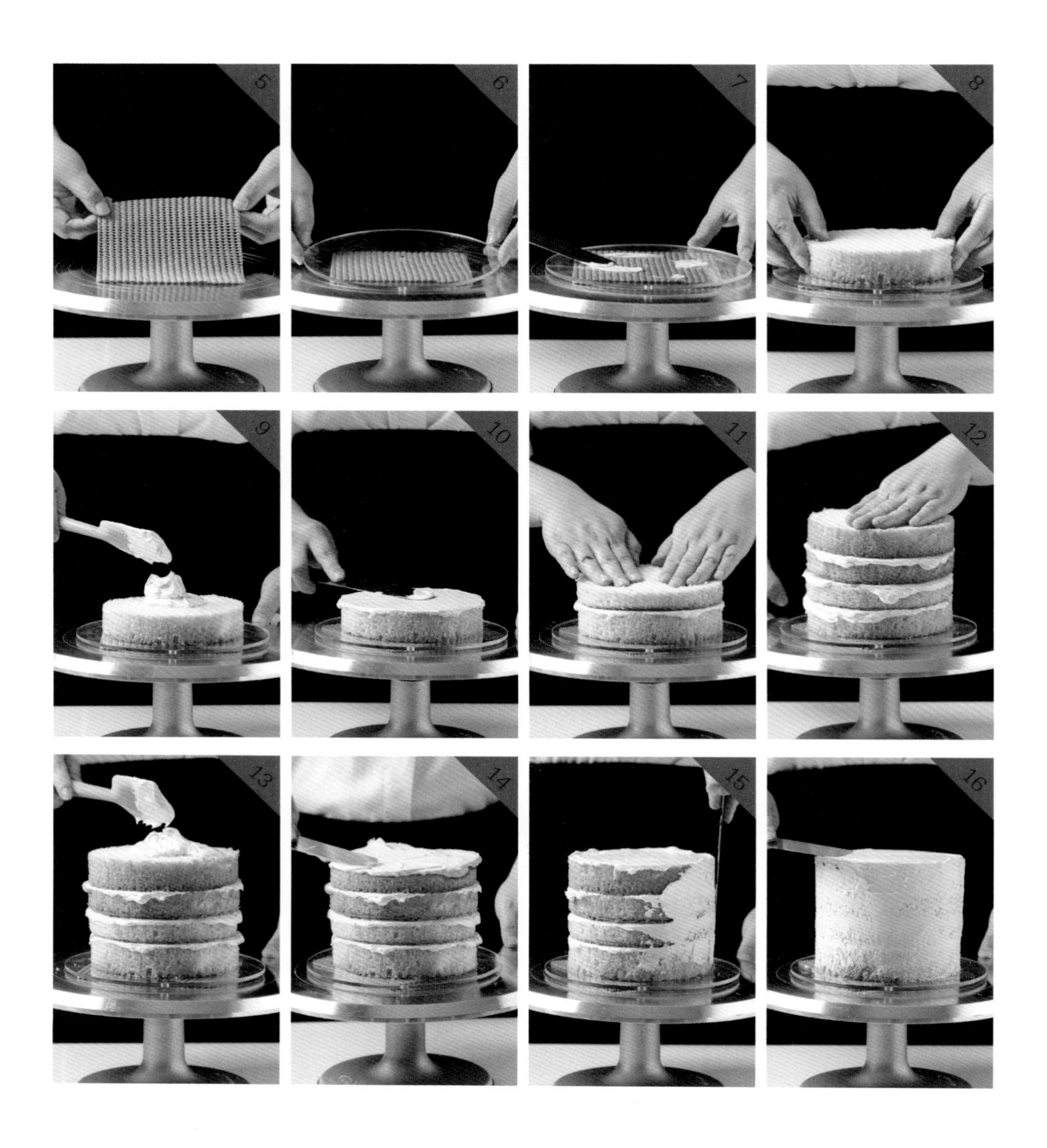

9. 用刮刀在蛋糕片上放上奶油霜。

10. 用抹刀将奶油霜抹平。

11. 将第二层蛋糕片放在奶油霜上面。用手轻压，使蛋糕整体平整。

12. 重复以上步骤至四片蛋糕全部摆好。

13. 用刮刀在蛋糕顶部放上奶油霜。

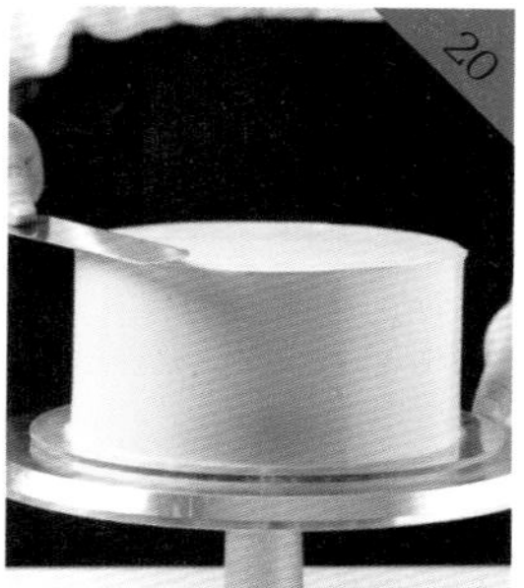

14. 用抹刀将顶部抹薄薄一层奶油霜。
15. 用抹刀将侧面抹薄薄一层奶油霜。
16. 将蛋糕抹好后，放入冰箱冷冻约 20 分钟，待表面变硬。
17. 用抹刀将顶部奶油霜抹平。
18. 用抹刀将侧面奶油霜抹平。
19. 用抹刀将顶部多余奶油霜收平。
20. 8 寸蛋糕抹面方法同上。在表面抹上皇家蓝奶油霜。

打桩、摞蛋糕

21. 将四根粗吸管插入 8 寸蛋糕内，至蛋糕底部。
22. 将吸管提起一部分，用剪刀将没有粘到奶油霜的部分剪掉。
23. 用抹刀将吸管按平。
24. 用抹刀涂抹奶油霜。
25. 用抹刀将 6 寸蛋糕放在 8 寸蛋糕上面中央处。

装饰 3

干佩斯

1. 使用黑色和皇家蓝色色素混合适量干佩斯，调成皇家蓝色干佩斯。
2. 使用皇家蓝色色素混合适量干佩斯，调成浅蓝色干佩斯。
3. 使用红色色素混合适量干佩斯，调成红色干佩斯。

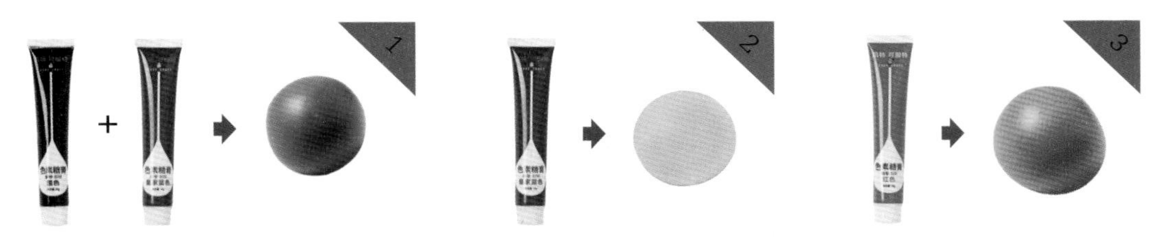

（加入混合色素后的效果）（加入皇家蓝色色素后的效果）（加入红色色素后的效果）

翻糖

4. 使用黑色和皇家蓝色色素混合适量翻糖，调成皇家蓝色翻糖。
5. 使用皇家蓝色色素混合适量翻糖，调成浅蓝色翻糖。

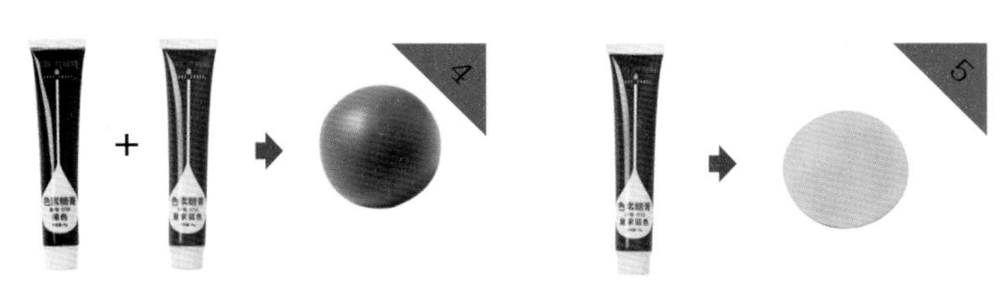

（加入混合色素后的效果）（加入皇家蓝色色素后的效果）

装饰 4

翻糖配饰

船锚 *1

1. 将皇家蓝色干佩斯擀至紫圈厚度（3mm）。
2. 沿纸模边缘用刻刀切割出船锚形。
3. 晾干备用。

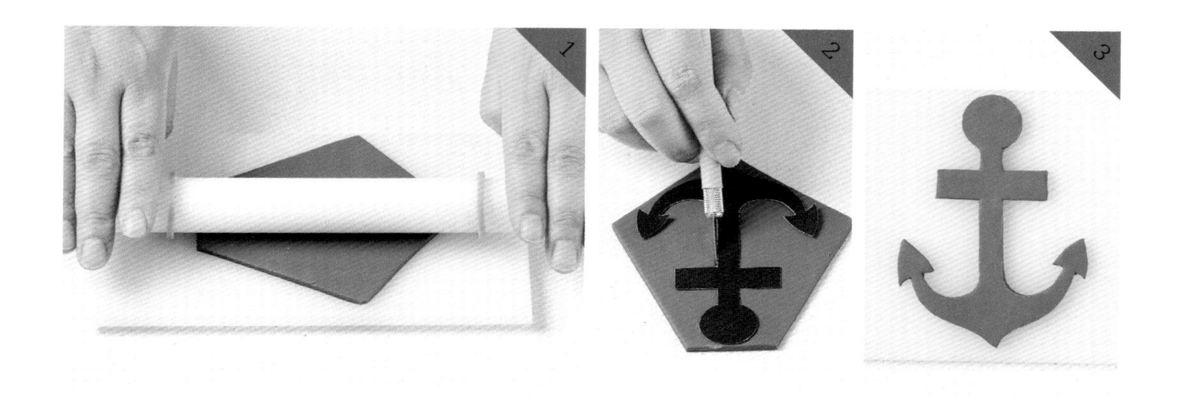

鲸鱼 *1

4. 将浅蓝色干佩斯擀至紫圈厚度（3mm）。
5. 沿纸模边缘用刻刀切割出鲸鱼形。
6. 调色盘中挤上黑色色素。
7. 用毛笔蘸黑色色素画出眼睛和嘴巴。

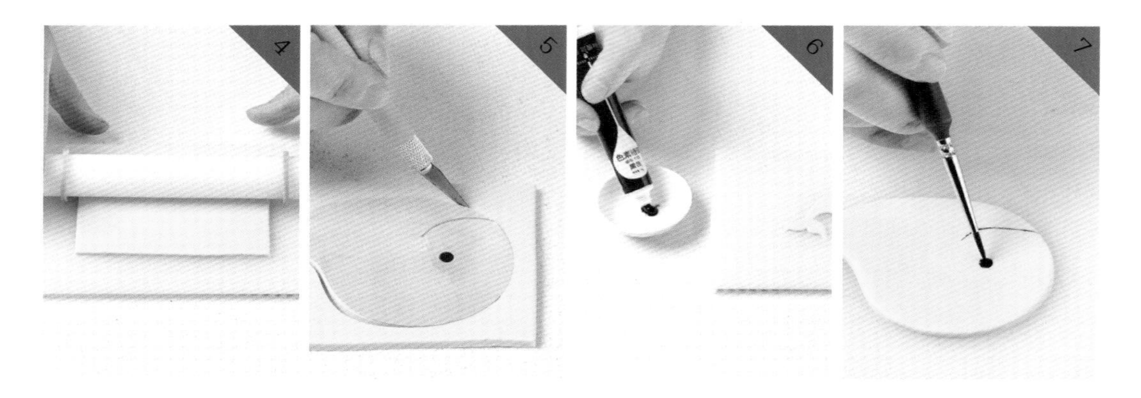

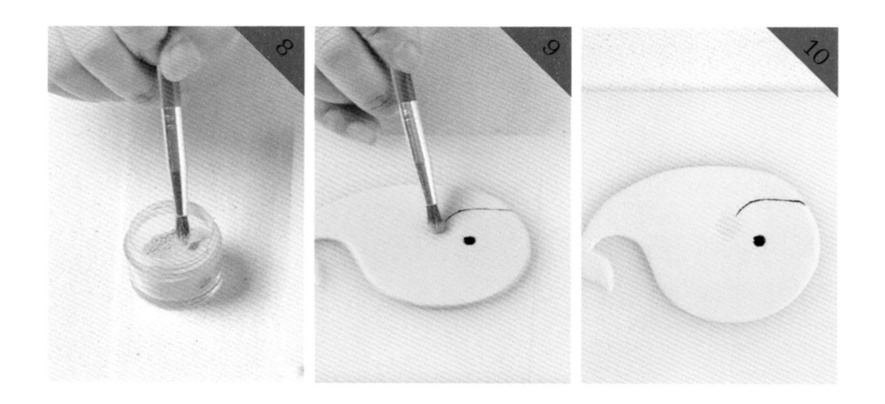

8. 用毛笔蘸少量粉色色粉。

9. 画出红脸蛋。

10. 将鲸鱼干佩斯晾干，备用。再搓两个水滴形，压扁，备用。

海浪 *6

12. 将浅蓝色及皇家蓝色干佩斯分别搓成长梭形。

13. 从两头向中间如图卷起。

14. 晾干备用。

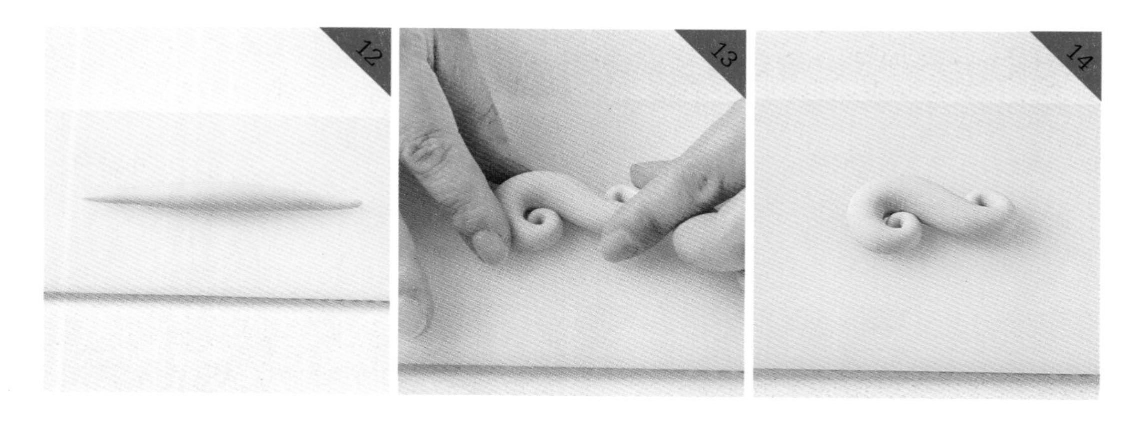

海鸥 *2

15. 将皇家蓝色干佩斯搓成长梭形。

16. 中间用针笔压印。

17. 将长梭形中间部分对折，并且将两头向下做出造型。

18. 晾干备用。

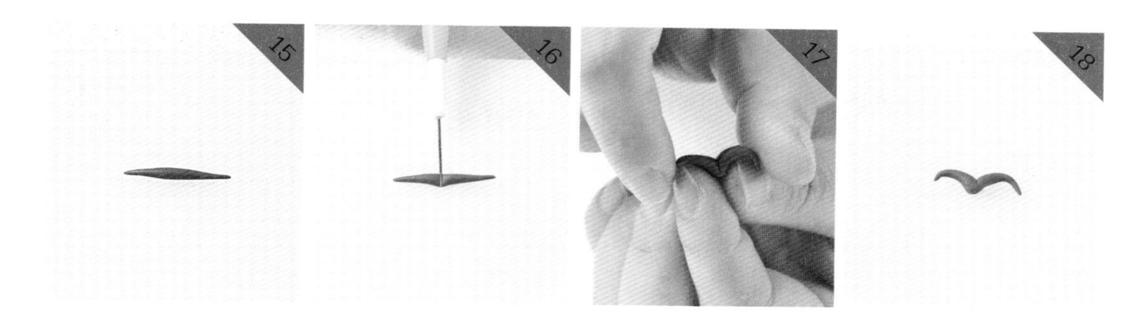

红圈 *8

19. 将红色干佩斯擀至紫圈厚度（3mm）。
20. 用直径 1.5cm 的圆形模具刻出圆形干佩斯。
21. 再用直径 0.8cm 的圆形模具在 1.5cm 圆形干佩斯中间刻出。
22. 晾干备用。

绳 *4

23. 在硅胶模具中涂薄薄一层白油。
24. 将皇家蓝色干佩斯压在模具中。
25. 将多余干佩斯用小抹刀去掉。
26. 脱模，取出细绳状干佩斯。

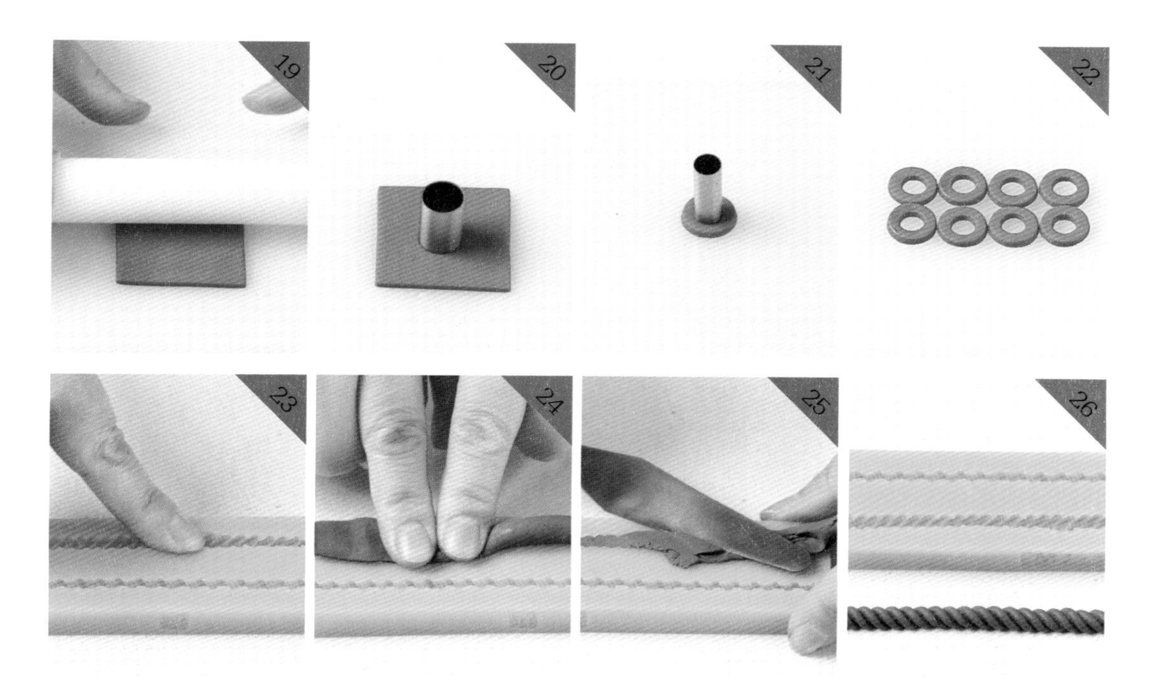

整体蛋糕装饰

27. 将皇家蓝色翻糖擀成 50cm 长、3mm 厚的薄片。用轮刀切成波浪形。
28. 将浅蓝色翻糖擀成 50cm 长、3mm 厚的薄片。用轮刀切成波浪形。
29. 将两种颜色的波浪形翻糖粘贴在 6 寸蛋糕底部。
30. 在 8 寸蛋糕侧面粘贴船锚干佩斯，在 6 寸蛋糕侧面贴上鲸鱼干佩斯。
31. 再如图贴上红圈状和绳状干佩斯。
32. 在蛋糕顶部插上装饰插牌。
33. 最后粘贴海浪干佩斯和海鸥干佩斯即可。

椰脆卜卜米

饼体（6块）

椰脆卜卜米配方

卜卜米	30g
烤椰蓉	8g
白巧克力	40g

制作过程

1. 将烤椰蓉倒入卜卜米中。
2. 将二者搅拌均匀。
3. 加入化开的白巧克力液。
4. 快速搅拌均匀。
5. 将混合物填入圆形模具中，表面尽量压平。
6. 放入冰箱冷冻变硬后，脱模备用。

装饰 1

蛋白糖霜配方

糖粉	150g
蛋白粉	10g
凉开水	23g

制作过程

1. 将糖粉、蛋白粉用手动打蛋器混合均匀。
2. 将糖粉、蛋白粉混合物过筛。
3. 加入凉开水。
4. 用刮刀搅拌至无干粉。
5. 将电动打蛋器调至 3 挡搅拌，将混合物打发至颜色变白、提起打蛋头材料呈现小尖峰状。
6. 用保鲜膜盖好防止干燥。

流动糖霜调节

7. 取部分糖霜加入皇家蓝色色素，混合均匀，用喷壶喷凉开水调整为25秒恢复平整的流动糖霜。

（加入皇家蓝色色素后的效果）

糖霜转印

8. 将图纸固定在硬板上。

9. 将PE板（一种热塑性树脂板）固定在图纸表面。

10. PE板上抹薄薄一层白油。

11. 用皇家蓝色25秒糖霜按照图纸描绘图案。

12. 用针笔修饰细节。

13. 晾干后，用小抹刀取下糖霜片，备用。

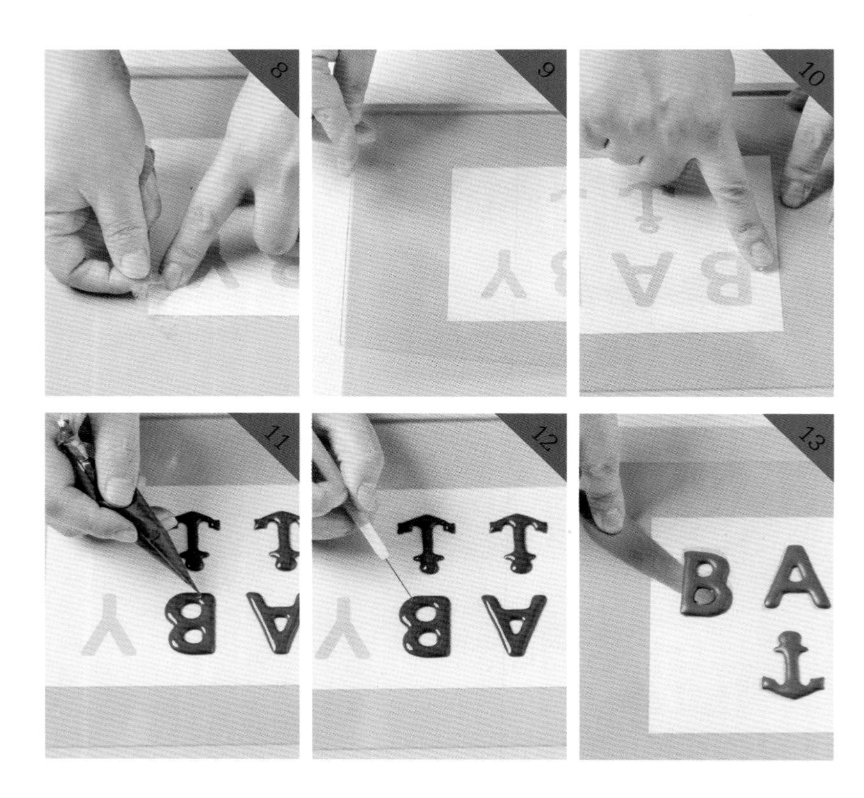

装饰 2

材料

天蓝色翻糖	适量
蓝色糖霜片	适量
白色糖霜	适量

制作过程

1. 将天蓝色翻糖擀至粉圈厚度（1.5mm）。
2. 操作板上拍上防粘粉。
3. 选用直径 5cm 的圆模刻制天蓝色翻糖片。
4. 在椰脆卜卜米表面挤少量白色糖霜。
5. 将天蓝色翻糖片覆盖在饼干表面。
6. 继续在天蓝色翻糖片表面刷少量白色糖霜。
7. 将蓝色糖霜片粘贴在中央位置。

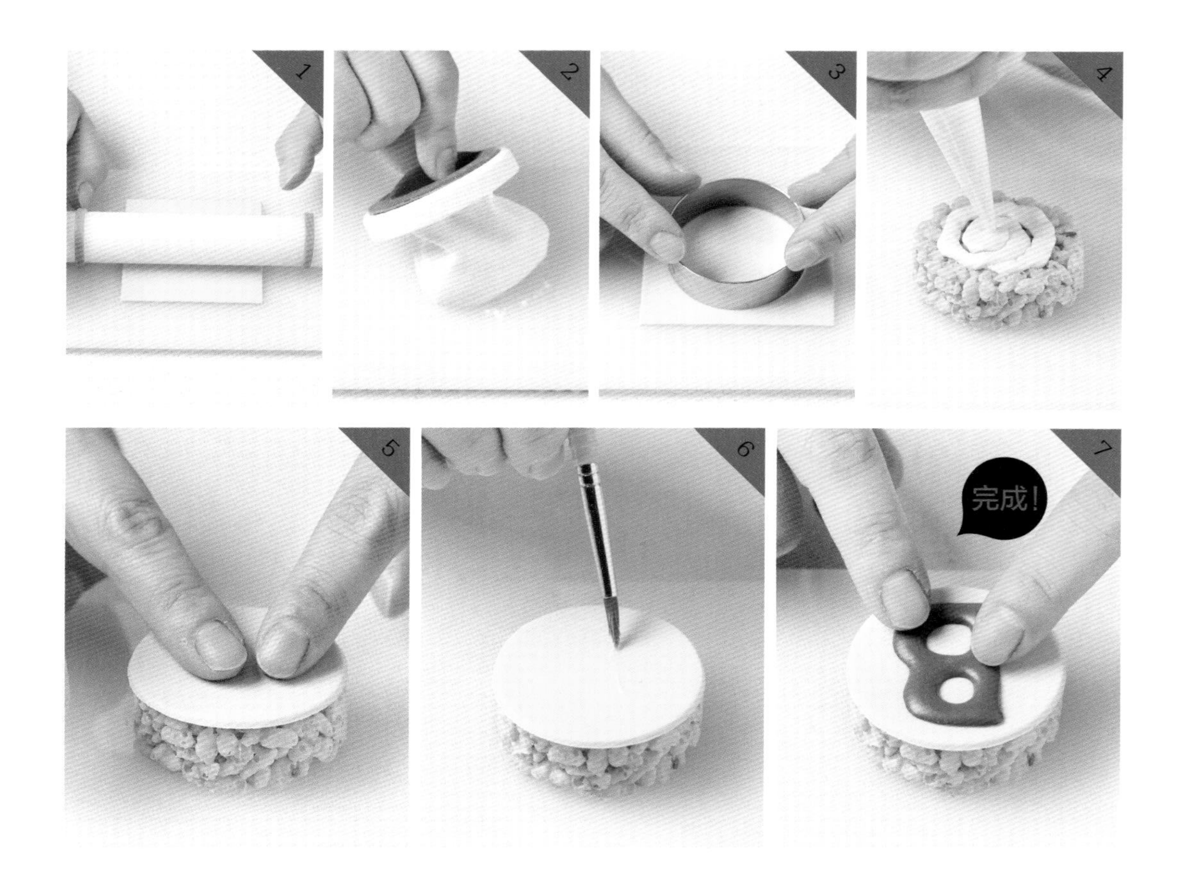

装饰

材料

30cm 长的红白绳　　　6 根

制作过程

1. 将 6 根红白绳均系成双头结。
2. 将双头结红白绳套在瓶颈处。

7

少年小海军

意式奶冻杯

瓶子规格：100ml

6 杯

意式奶冻（6杯）

配方

牛奶	250ml
淡奶油	250g
细砂糖	60g
鱼胶片	7.5g

制作过程

1. 将鱼胶片剪成小片，放入凉开水中软化后沥干备用。
2. 小锅中倒入牛奶、淡奶油、细砂糖。
3. 将小锅放至电磁炉上，中小火熬制奶油混合物，边加热边搅拌。
4. 待糖溶化后关火，移开电磁炉，将软化的鱼胶片放入奶油混合物中。
5. 搅拌至均匀顺滑。
6. 每瓶倒入约85g，放入冰箱冷藏凝固。

8

少年小海军

糖罐和爆米花桶

糖罐

直径 2.5cm 的白色糖衣泡泡糖	30 颗
直径 2.5cm 的红色糖衣泡泡糖	30 颗
直径 2.5cm 的蓝色糖衣泡泡糖	30 颗
小号糖罐 18cm*23.5cm	1 个

糖罐装饰

宝蓝色丝带	50cm
灰蓝色透明丝带	50cm
装饰贴	1 个

爆米花桶

100g 微波爆米花	1 袋
爆米花桶（6.5cm 见方的口径 *10.5cm 高）	4 个

少年小海军 · 构图

器皿

白色器皿

构图

中心对称和三角构图

桌布

蓝色桌布

背景装饰物

拉旗、摆件

7
水果饮
6
双层裸蛋糕
1
红丝绒蛋糕
森林果果

盛夏果实 4

8 甜甜圈

3 奶油蛋糕杯

4 巧克力水果挞

2 美式曲奇

1

盛夏果实

红丝绒蛋糕

12个

红丝绒纸杯蛋糕（12 个）

配方

无盐黄油	90g
细砂糖	180g
鸡蛋	1.5 个
低筋面粉	225g
可可粉	14g
牛奶	85g
酸奶	85g
红丝绒液	20ml

制作过程

1. 无盐黄油用电动打蛋器打散。
2. 加入细砂糖，打至颜色发白、体积膨大。
3. 分次加入全蛋液，待上一次混合完全吸收后再加入下一次。
4. 筛入低筋面粉、可可粉。用电动打蛋器低速搅拌均匀。
5. 加入牛奶和酸奶。用电动打蛋器低速搅拌均匀。
6. 加入红丝绒液。

7. 用电动打蛋器低速搅拌均匀。

8. 将面糊装入裱花袋。

9. 挤入油纸杯中，九分满。

10. 入烤箱，上下火 170℃，烤约 25 分钟。

7

8

9

10

奶油霜

配方

无盐黄油	200g
糖粉	20g

制作过程

1. 将无盐黄油用电动打蛋器搅打均匀。

2. 加入糖粉。

3. 继续用电动打蛋器搅拌，打发至体积膨大、颜色变浅。

1

2

2

装饰

配方

红丝绒纸杯蛋糕	12 个	迷迭香	适量	蓝莓	适量
奶油霜	200g	无花果	适量	树莓	适量
		姑娘果	适量	草莓	适量
		无花果	适量	薄荷叶	适量

制作过程

1. 将奶油霜装入装有齿形裱花嘴的裱花袋，挤出玫瑰造型。
2. 无花果切好，迷迭香、姑娘果准备好。
3. 用迷迭香、姑娘果、无花果片装饰 4 个纸杯蛋糕。

4. 无花果切好，蓝莓、树莓准备好。
5. 用无花果、蓝莓、树莓装饰 4 个纸杯蛋糕。
6. 草莓对半切好，蓝莓、薄荷叶准备好。
7. 用草莓块、蓝莓、薄荷叶装饰 4 个纸杯蛋糕。

2

盛夏果实

美式曲奇

26 块

美式曲奇（26 块）

配方

无盐黄油	100g
红糖	70g
盐	0.5g
鸡蛋	1 个
低筋面粉	155g
小苏打	2.5g
耐烤巧克力豆	40g

制作过程

1. 无盐黄油放入盆中，用电动打蛋器搅打均匀。
2. 加入红糖。
3. 用电动打蛋器搅打均匀。
4. 分次加入全蛋液，待前一次完全吸收后再加入下一次，用电动打蛋器搅打均匀。
5. 筛入低筋面粉、小苏打和盐。
6. 加入耐烤巧克力豆。
7. 用刮刀翻拌均匀。
8. 将面团装入保鲜袋中，用手压平。放入冰箱冷藏约 20 分钟。

9. 将冷藏好的面团分成每个 15g 的饼干面团。

10. 将每个饼干面团搓圆，摆在烤盘上，再用手压扁。

11. 将烤盘入烤箱，上下火 170℃，烤约 15 分钟，至饼干表面呈现金黄色。

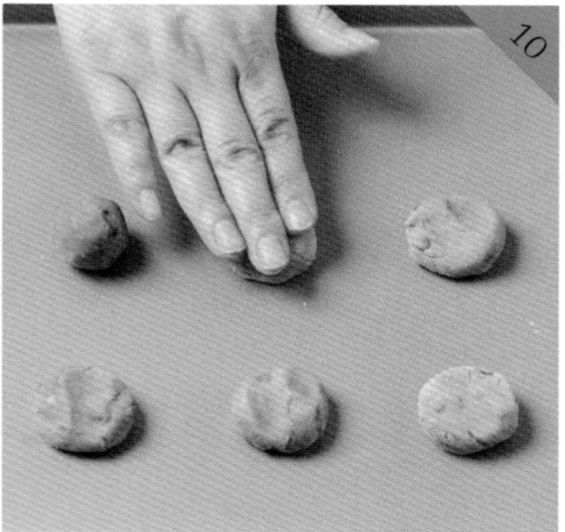

装饰

配方

美式曲奇	20 块
麻绳	4 根
吊牌	4 张

制作过程

将5块饼干摞起来，用麻绳捆好，装饰吊牌。依次做好。

3

盛夏果实

奶油蛋糕杯

9个

蛋糕体（9 个）

柠檬纸杯蛋糕配方

鸡蛋	1.5 个
细砂糖	45g
低筋面粉	45g
玉米油	11g
香草精	2ml
牛奶	8g
柠檬汁	4g
柠檬皮屑	半个柠檬削皮的量

制作过程

1. 鸡蛋放入盆中，用电动打蛋器打散。
2. 加入细砂糖。
3. 用电动打蛋器高速打发至出现明显纹路，但很快消失。
4. 再将电动打蛋器换低速继续搅打，打发至纹路不易消失。
5. 筛入低筋面粉。
6. 用手动打蛋器翻拌均匀。
7. 将玉米油、香草精混合均匀。
8. 在混合物中加入一部分原面糊，用手动打蛋器搅拌均匀。

9. 加入牛奶与柠檬汁混合物，用手动打蛋器搅拌均匀。
10. 加入柠檬皮屑，搅拌均匀成柠檬香草面糊。
11. 将柠檬香草面糊倒回原面糊中。
12. 用刮刀翻拌均匀。
13. 将翻拌好的面糊装入裱花袋中。
14. 挤入纸杯中，八分满。
15. 放入烤箱，上下火 170℃，烤约 25 分钟，至蛋糕表面呈现金黄色。

奶油霜

配方

无盐黄油	200g
糖粉	20g

制作过程

1. 将无盐黄油放入盆中，用电动打蛋器搅打均匀。
2. 加入糖粉。
3. 用电动打蛋器打发至体积膨大、颜色变浅。

装饰

制作过程

1. 将纸杯蛋糕切片。
2. 将蛋糕片掰成小块。
3. 将蛋糕块放入杯中。
4. 用装有齿形花嘴的裱花袋挤奶油霜。
5. 按照一层蛋糕块，一层奶油霜的顺序，将杯子填满。
6. 最后在表面用奶油霜挤出小火炬形即可。

4

盛夏果实

巧克力水果挞

10个

巧克力酱

配方

黑巧克力	50g
淡奶油	50g
无盐黄油	15g

制作过程

1. 将黑巧克力放入微波炉加热 20 秒，至微微化开。
2. 加入加热后的淡奶油。
3. 加入无盐黄油。
4. 用刮刀轻轻搅拌至顺滑。

打发淡奶油

配方

淡奶油	80g
糖粉	5g

制作过程

1. 将淡奶油、糖粉混合均匀。
2. 用电动打蛋器高速打发至出现明显纹路。

装饰

配方

巧克力酱	115g
打发淡奶油	85g
树莓	10 颗
直径 4cm 的挞壳	10 个

制作过程

1. 在挞壳内挤入巧克力酱，每个挞壳内约 10g。
2. 将打发淡奶油装入装有齿形花嘴的裱花袋中，垂直在挞中间挤出奶油花。
3. 在奶油花顶部装饰树莓。

5

盛夏果实

森林果果冻杯

5杯

森林果果冻杯（5 杯）

配方

森林混合果	70g
水	500g
细砂糖	150g
鱼胶片	35g
森林混合果（中层装饰）	50g
草莓（中层装饰）	5~8 颗（切丁）

制作过程

1. 将鱼胶片剪小块，泡入水中。
2. 将 70g 森林混合果、细砂糖、水倒入锅中，中火煮至糖溶化。
3. 加入软化后的鱼胶片。
4. 用刮刀搅拌均匀。

5. 将森林果混合液倒入杯中约 1/5 高度。
6. 加入部分森林混合果、草莓丁，放入冰箱冷冻至凝固。
7. 重复步骤 5 及步骤 6 的操作，至八分满。

装饰

配方

淡奶油	150g
糖粉	9g
开心果碎	适量

制作过程

1. 将淡奶油、糖粉混合均匀。
2. 用电动打蛋器高速打发至出现明显纹路。
3. 用麻绳和木质小勺装饰杯身。将打发好的淡奶油装入装有齿形裱花嘴的裱花袋中，在果冻表面挤上淡奶油。
4. 最后在表面撒开心果碎。

6

盛夏果实

双层裸蛋糕

1个

蛋糕体（1 个）

6 寸巧克力海绵蛋糕配方

蛋白	3 个
蛋黄	3 个
细砂糖	85g
低筋面粉	90g
可可粉	10g
无盐黄油（化开）	30g
牛奶	50g

（注：此为 1 个蛋糕坯的配方量，需烤制 2 个 6 寸蛋糕坯）

8 寸巧克力海绵蛋糕配方

蛋白	5 个
蛋黄	5 个
细砂糖	142g
低筋面粉	150g
可可粉	17g
无盐黄油（化开）	50g
牛奶	83g

（注：此为 1 个蛋糕坯的配方量，需烤制 2 个 8 寸蛋糕坯）

制作过程

1. 将蛋白放入盆中，用电动打蛋器打散。
2. 加入细砂糖。
3. 用电动打蛋器高速打发至提起打蛋头材料呈小弯钩状。
4. 加入蛋黄。
5. 用电动打蛋器搅拌均匀。
6. 筛入低筋面粉。
7. 用刮刀翻拌均匀。
8. 在可可粉中加入温热的牛奶和化开的黄油。
9. 用手动打蛋器将可可粉搅匀成可可黄油牛奶液。
10. 在可可牛奶液中加入一部分原面糊，用手动打蛋器搅拌均匀成可可面糊。

11. 将可可面糊倒回原面糊中。

12. 用刮刀翻拌均匀成蛋糕糊。

13. 将做好的蛋糕糊倒入模具中。将 6 寸或 8 寸蛋糕模具入烤箱，上下火 170℃，烤约 35 分钟。

奶油霜

配方

无盐黄油	600g
糖粉	60g

制作过程

1. 将无盐黄油放入盆中，用电动打蛋器搅打均匀。
2. 加入糖粉。
3. 用电动打蛋器打发至体积膨大、颜色变浅。

装饰

配方

6 寸巧克力海绵蛋糕	2 个
8 寸巧克力海绵蛋糕	2 个
奶油霜	660g
可食用玫瑰花	1 朵
无花果	1 个
草莓	3 个
葡萄	2 串
蓝莓	2 串
迷迭香等	适量

蛋糕脱模及分层

1. 将双手按 45° 角向内轻压蛋糕，使蛋糕体侧面与模具剥离。
2. 双手将蛋糕底部顶起。
3. 四指沿模具底托向下按压，使蛋糕体底部与模具剥离。
4. 用蛋糕分层器将蛋糕分层。（2 个 6 寸、2 个 8 寸各分成 4 片）

奶油霜抹面

5. 转盘中间放防滑垫。
6. 防滑垫上放蛋糕底托。
7. 蛋糕底托上抹少许奶油霜。
8. 将一片 8 寸蛋糕片放在底托中央。
9. 用刮刀取适量奶油霜放至蛋糕片上。
10. 用抹刀将奶油霜抹平。
11. 将第二片蛋糕放在奶油霜上面。用手轻压，使蛋糕整体平整。
12. 重复以上步骤至四片 8 寸蛋糕片全部摆好。

13. 用刮刀取适量奶油霜放至摞好的蛋糕顶部。用抹刀将顶部奶油霜抹平。

14. 用抹刀将蛋糕侧面奶油霜抹平。

15. 用抹刀将顶部多余奶油霜收平。

16. 6 寸蛋糕用同样方法抹面。

打桩、摞蛋糕

17. 将四根粗吸管插入 8 寸蛋糕内，至蛋糕底部。

18. 将吸管提起一部分，用剪刀将没有粘到奶油霜的部分减掉。

19. 用抹刀将吸管按平。

20. 再用抹刀涂抹匀奶油霜。

21. 最后用抹刀将 6 寸蛋糕放在 8 寸蛋糕中央。

水果装饰

22. 将无花果、草莓切块，备用。
23. 如图装饰蛋糕顶部。
24. 如图装饰蛋糕侧边。

7

盛夏果实

水果饮

1瓶

水果饮（1瓶）

配方

黄柠檬	2个
青柠檬	2个
苹果汁	5L

制作过程

1. 将黄柠檬、青柠檬均1个切片、1个切块，备用。
2. 将苹果汁倒入罐中。
3. 将切好的柠檬放入苹果汁中即可。

8

盛夏果实

甜甜圈

12个

甜甜圈（12个）

配方

鸡蛋	4个
细砂糖	125g
低筋面粉	200g
泡打粉	4g
色拉油	105g
香草精	1.5ml

制作过程

1. 将全蛋液用手动打蛋器打散。
2. 在全蛋液中加入细砂糖，搅拌均匀。
3. 筛入低筋面粉、泡打粉，搅拌均匀。
4. 加入色拉油，搅拌均匀。
5. 加入香草精，搅拌均匀。
6. 将搅拌好的面糊装入裱花袋中。
7. 将面糊挤入模具内，至九分满。
8. 将模具入烤箱，上下火170℃，烤约25分钟。

装饰

配方

甜甜圈	12 个
黑巧克力液	300g
牛奶巧克力液	300g
白巧克力液	300g
草莓干碎	5g
花生碎	10g
开心果碎	10g

制作过程

1. 先取 4 个甜甜圈放黑巧克力液中蘸匀。
2. 在表面撒上草莓干碎。
3. 再取 4 个甜甜圈放牛奶巧克力液中蘸匀。
4. 在表面撒上花生碎。
5. 剩下的 4 个甜甜圈放白巧克力液中蘸匀。
6. 在表面撒上开心果碎。

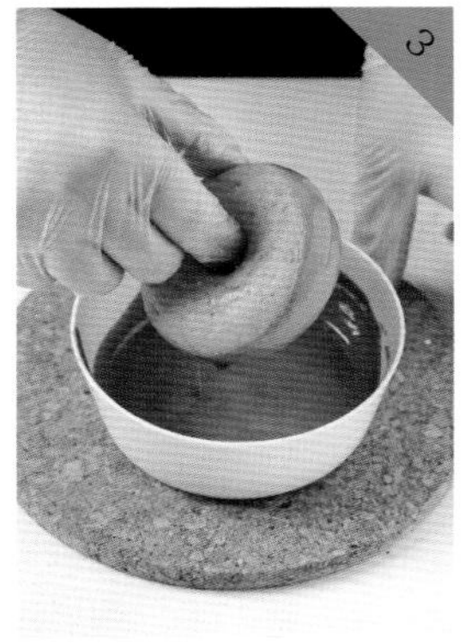

盛夏果实·构图

器皿

木质器皿

构图

水平构图

桌布

灰色桌布 + 白色钩针编织布

背景装饰物

绿植背景墙、木板、黑板、花艺

1
双层翻糖蛋糕
3
小菊花翻糖杯子蛋糕
4
柠檬杏仁饼干
9
柠檬水
2
柠檬纸杯蛋糕

夏日柠檬
5
5
棒棒糖蛋糕
伴手礼盒
7
橙皮杏仁球
8
柠檬芝士奶油杯
6
柠檬挞

1

夏日柠檬

双层翻糖蛋糕

1个

糖水

配方

细砂糖	30g
水	100g

制作过程

1. 将细砂糖和水加入小锅中。
2. 用中火煮至细砂糖完全溶化、冒泡，关火。待糖水晾凉，备用。

模具的防粘处理

1. 将模具的底部及周围刷适量色拉油。
2. 将油纸剪裁成小块后贴于模具周围。
3. 将油纸剪裁至底部同样尺寸，贴于模具底部。

磅蛋糕

5 寸磅蛋糕配方

无盐黄油	70g
细砂糖	70g
鸡蛋	70g
低筋面粉	104g
泡打粉	2g
盐	2g

（注：此为 1 个 5 寸磅蛋糕的配方量，需要 2 个 5 寸磅蛋糕）

6 寸磅蛋糕配方

无盐黄油	100g
细砂糖	100g
鸡蛋	100g
低筋面粉	150g
泡打粉	3g
盐	3g

（注：此为 1 个 6 寸磅蛋糕的配方量，需要 2 个 6 寸磅蛋糕）

制作过程

1. 将无盐黄油用电动打蛋器搅拌均匀。
2. 加入细砂糖，用电动打蛋器搅打至颜色发白、体积膨大。
3. 分 3 次加入鸡蛋，继续搅拌，待前一次完全吸收后再加入下一次。
4. 筛入低筋面粉、泡打粉、盐的混合物。
5. 用刮刀翻拌均匀，制成蛋糕面糊。
6. 将蛋糕面糊倒入模具中。
7. 用小抹刀将面糊大致抹平。
8. 轻震模具。
9. 用上述方法将蛋糕面糊分别装入 5 寸及 6 寸蛋糕模具。
10. 将模具放入烤箱，上下火 170℃，烤约 45 分钟，至蛋糕表面呈现金黄色。将刚出炉的蛋糕四周刷糖水。

奶油霜

配方

无盐黄油	800g
糖粉	80g

制作过程

1. 将无盐黄油用电动打蛋器搅打均匀。
2. 加入糖粉。
3. 继续用电动打蛋器搅拌，打发至体积膨大、颜色变浅。

装饰

蛋糕脱模及分层

1. 双手将蛋糕底部顶起。
2. 用蛋糕分层器将蛋糕分层。将每层蛋糕顶部凸起部分均切除。
3. 将每个蛋糕均匀分为两层。

奶油霜抹面

4. 转盘中间放防滑垫。
5. 防滑垫上放蛋糕底托。
6. 蛋糕底托上抹少许奶油霜。
7. 将一片 6 寸蛋糕片放在底托中央。
8. 用刮刀取适量奶油霜放至蛋糕片上。
9. 用抹刀将奶油霜抹平。
10. 将第二层蛋糕片放在奶油霜上面。用手轻压，使蛋糕整体平整。

11. 重复以上步骤至四片蛋糕全部摞好。
12. 将侧面多余奶油霜抹平。
13. 用刮刀取适量奶油霜放至蛋糕顶部。
14. 用抹刀将顶部奶油霜抹平。
15. 用抹刀将蛋糕侧面抹上奶油霜。
16. 用刮板将奶油霜抹平。
17. 用抹刀将顶部多余奶油霜收平。
18. 将蛋糕抹好后，放冰箱冷冻约 20 分钟待表面变硬待用。5 寸蛋糕依法抹面。

蛋糕覆盖翻糖皮

19. 将 500g 金黄色、450g 金黄色翻糖皮分别揉成圆团，放在硅胶垫中间。

20. 用手将圆团按压均匀。

21. 用擀面杖向四周擀圆。

22. 将 500g 翻糖皮（覆盖 6 寸蛋糕用）擀至直径为 35cm 的大圆片。将 450g 翻糖皮（覆盖 5 寸蛋糕用）擀至直径为 32cm 的大圆片。

23. 将两块潮湿布中间夹放一个小碗。

24. 将 6 寸蛋糕放在潮湿布顶端。将擀好的翻糖皮用擀面杖卷起，搭在蛋糕表面。

25. 将蛋糕顶部及四周翻糖皮与蛋糕体贴合。
26. 用小刀将蛋糕底部多余翻糖皮裁掉。
27. 用抹平器将蛋糕表面及周围抹平整。依法将 5 寸蛋糕包好翻糖皮。

大丽花（1 朵）

1. 将白色干佩斯放翻糖花茎板上擀至粉圈厚度。
2. 用翻糖粉扑拍出适量防粘粉。
3. 用大、中、小号模具分别刻出叶子形状。
4. 大片叶子约 11 片，中片叶子约 9 片，小片叶子约 5 片。

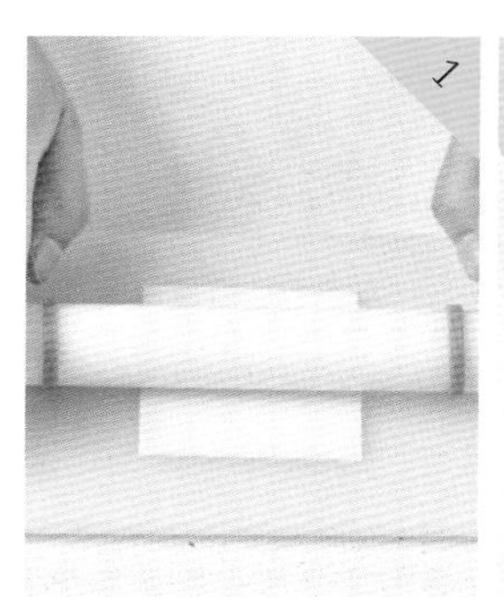

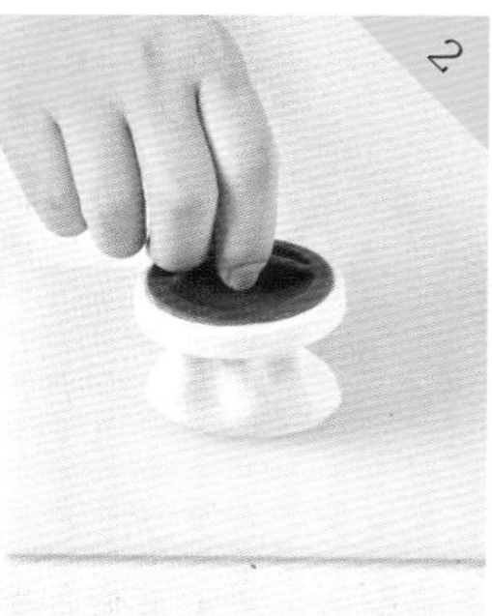

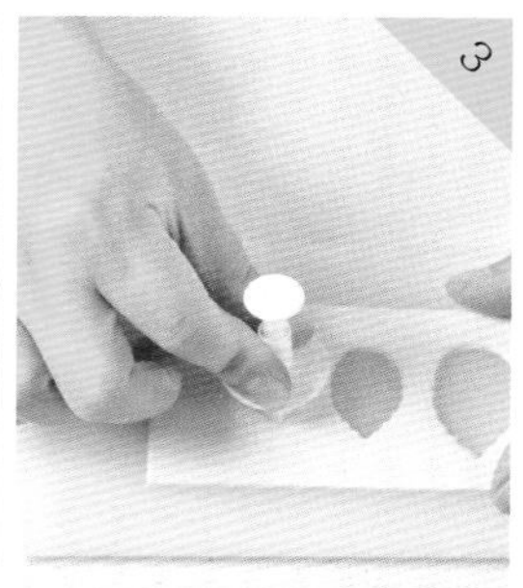

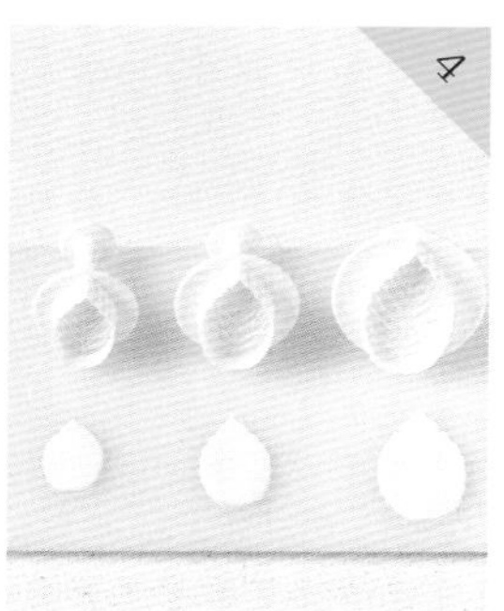

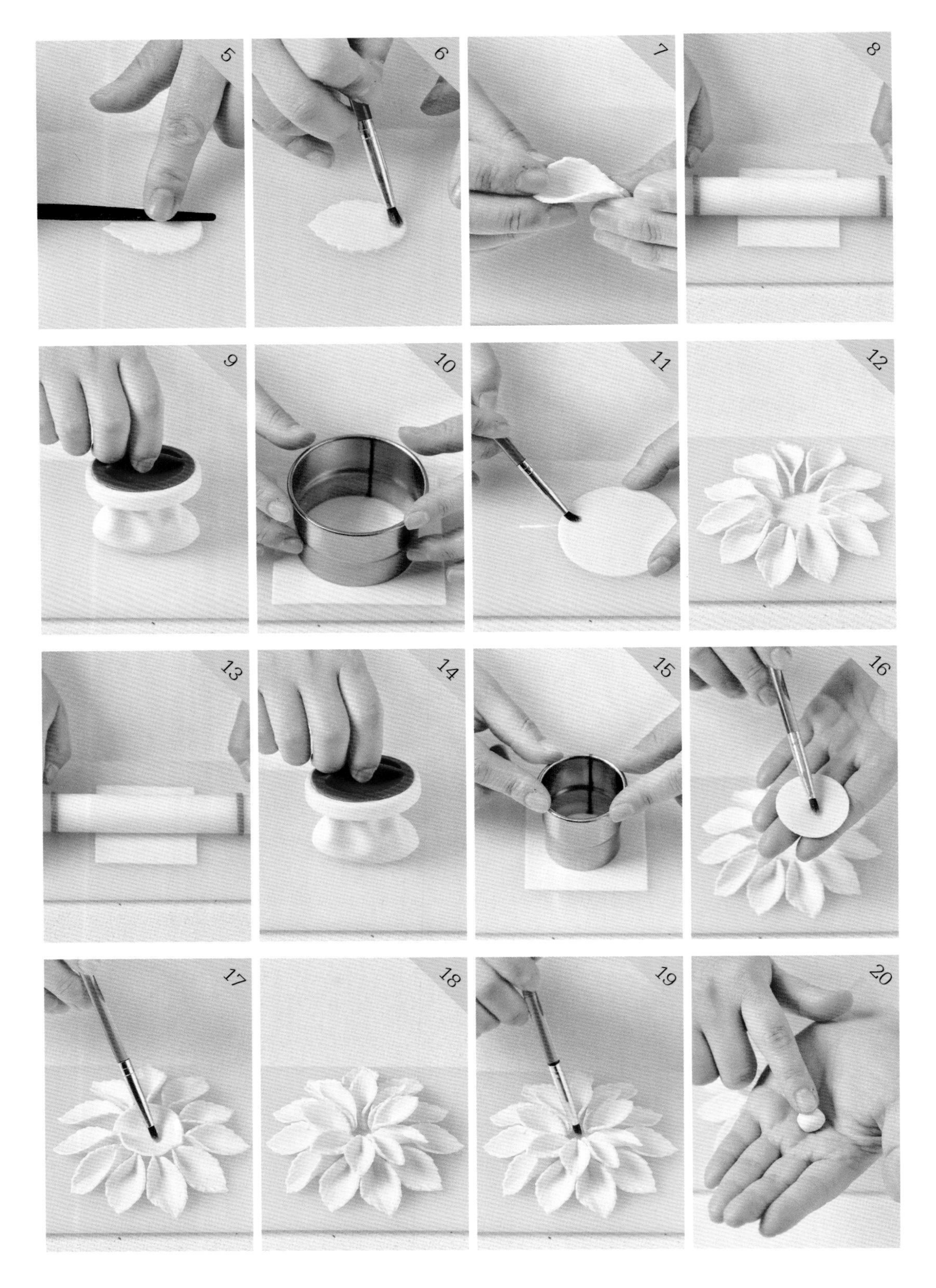
5
6
7
8
9
10
11
12
13
14
15
16
17
18
19
20

5. 用纹理棒在叶子表面压出纹理。

6. 在叶子根部抹适量清水。

7. 将叶子底部粘起来，制成大丽花花瓣。

8. 将白色干佩斯放在翻糖花茎板上，擀至粉圈厚度。

9. 用翻糖粉扑拍出适量防粘粉。

10. 用直径 7cm 的圆形模具刻出圆片干佩斯，晾干。

11. 将圆片干佩斯周围抹适量清水。

12. 将大号叶子制成的花瓣沿圆片均匀摆放一圈，形成花形。

13. 将白色干佩斯放在翻糖花茎板上，擀至粉圈厚度（1.5mm）。

14. 用翻糖粉扑拍出适量防粘粉。

15. 用直径 4cm 的圆形模具刻出圆片干佩斯。

16. 将圆片背面抹适量清水。

17. 将圆片贴于花中间，并在表面抹清水。

18. 将中号叶子花瓣沿小号圆片均匀摆放一圈。

19. 在花中间部分刷适量清水。

20. 搓直径约 1.5cm 的圆球放在花中间，并将圆球表面按平。

21. 圆球表面抹适量清水。

22. 将小号叶子均匀摆放在顶部，晾干备用。

组装

蛋糕打桩及组装

1. 将四根粗吸管插入 6 寸蛋糕内，至蛋糕底部。

2. 将吸管提起一部分，用剪刀减掉高于蛋糕的部分。

3. 用手将吸管按平。

4. 用抹刀涂抹奶油霜。

5. 将 5 寸蛋糕放在 6 寸蛋糕中央。

6. 在每层蛋糕底部均围上黄色丝带，接口处可用翻糖粘贴。

7. 在蛋糕体上刷适量清水。

8. 将一小块翻糖膏粘贴在蛋糕体上。

9. 将翻糖膏表面再刷适量清水。

10. 将大丽花粘贴在蛋糕表面。

1
2
3
4
5
6
7
8
9
10

rolled icing
Fondant

2

夏日柠檬

柠檬纸杯蛋糕

4个

蛋糕体（4 个）

柠檬纸杯蛋糕配方

鸡蛋	2 个
细砂糖	60g
低筋面粉	60g
玉米油	15g
香草精	2.5ml
牛奶	10g
柠檬汁	5g
柠檬皮屑	1 个柠檬削皮的量

制作过程

1. 将鸡蛋用电动打蛋器打散。
2. 加入细砂糖。
3. 用电动打蛋器高速打发至出现明显纹路，但很快消失。
4. 将电动打蛋器换低速打发至纹路不易消失。
5. 筛入低筋面粉。
6. 用手动打蛋器翻拌均匀。
7. 将玉米油、香草精混合均匀。
8. 混合物中加入一部分原面糊，用手动打蛋器翻拌均匀。

9. 加入牛奶与柠檬汁混合物，用手动打蛋器搅拌均匀。
10. 加入柠檬皮屑，继续搅拌均匀。
11. 将混合物倒回原面糊中。
12. 用刮刀翻拌均匀。
13. 将面糊装入裱花袋。
14. 挤入纸杯中，至八分满。
15. 将模具放入烤箱，上下火 170℃，烤约 25 分钟，至蛋糕表面呈现金黄色即可。

奶油霜

配方

无盐黄油	250g
糖粉	25g

制作过程

1. 将无盐黄油用电动打蛋器搅打均匀。
2. 加入糖粉。
3. 继续用电动打蛋器搅拌，打发至体积膨大、颜色变浅。

装饰

配方

奶油霜	137g
切块柠檬、薄荷叶	各适量

制作过程

1. 将奶油霜装入裱花袋，在纸杯蛋糕上，旋转挤出玫瑰花形。
2. 依法制作 3 枚纸杯蛋糕，表面用柠檬、薄荷叶装饰。

3

夏日柠檬

小菊花翻糖杯子蛋糕

3个

小菊花（3 个）

1. 用白色干佩斯揉一个直径 1.5cm 的圆球。
2. 将圆球按入模具花心位置。
3. 用模具将花心推出。
4. 用小剪刀做造型，晾干备用。
5. 将金黄色干佩斯放在翻糖花茎板上，擀至粉圈厚度。
6. 用翻糖粉扑拍出适量防粘粉。
7. 用大号菊花模具刻出两朵菊花形状。
8. 用纹理棒左右滚动将花瓣造型。

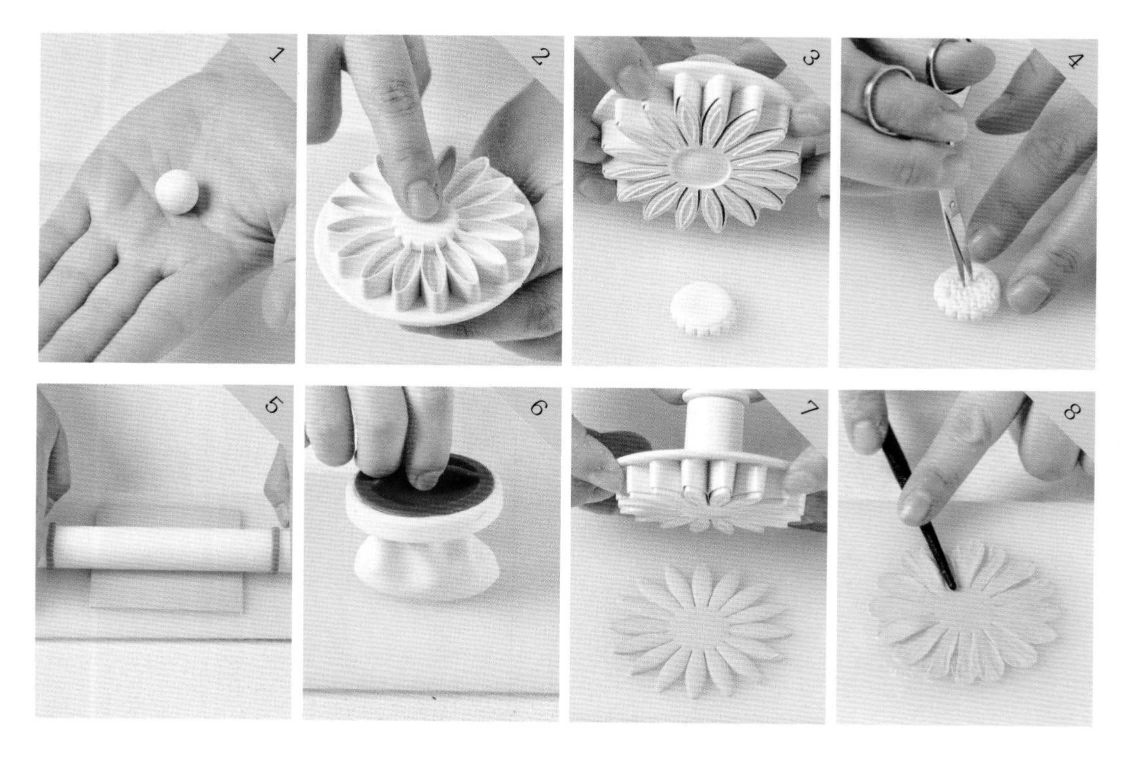

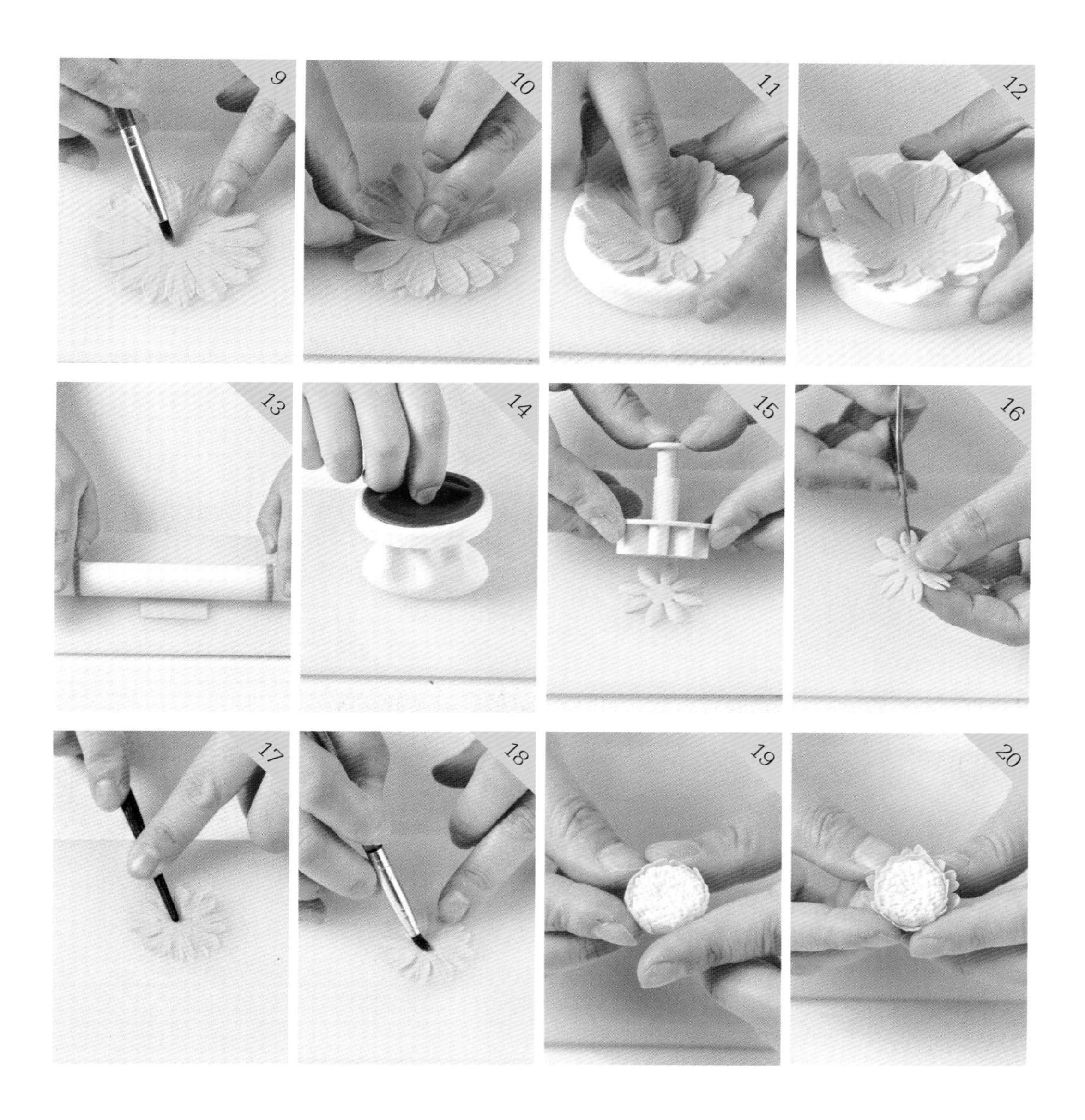

9. 在花朵中间位置刷适量清水。

10. 将两片大号干佩斯菊花糖片错缝粘在一起。

11. 将做好的菊花放入晾花碗中。

12. 用厨房纸将部分花瓣垫起。

13. 将金黄色干佩斯放在翻糖花茎板上，擀至粉圈厚度（1.5mm）。

14. 用翻糖粉扑拍出适量防粘粉。

15. 用小号菊花模具刻出两朵菊花形状。

16. 用剪刀将花瓣中间剪开。

17. 用纹理棒左右滚动将花瓣造型。

18. 在花瓣表面刷适量清水。

19. 将花瓣固定在晾干的花心上。

20. 第二片小号菊花片错缝粘贴在花心上。

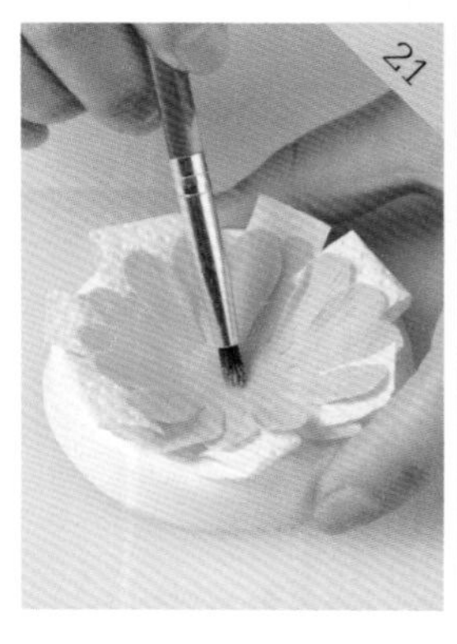

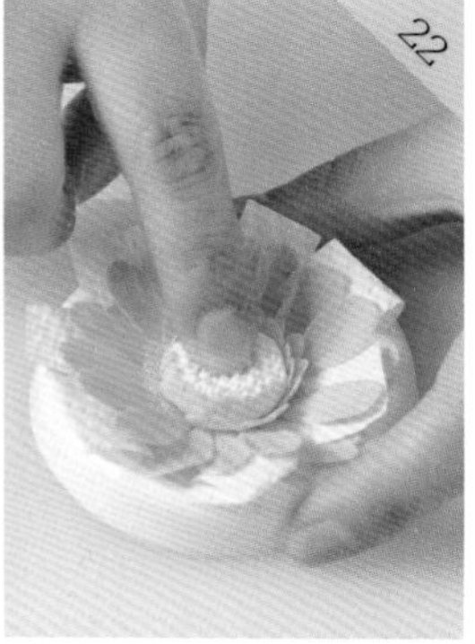

21. 在大花瓣中间抹适量清水。
22. 将花心放在大花瓣中间。

装饰

配方

奶油霜	137g
小菊花纸杯蛋糕	3 个

制作过程

1. 将奶油霜装入裱花袋，在纸杯蛋糕上，旋转挤出 3 枚火炬形。
2. 依法制作 3 个纸杯蛋糕，表面用小菊花装饰。

4
夏日柠檬
柠檬杏仁饼干
16块

柠檬杏仁饼干（16 块）

配方

无盐黄油	80g
糖粉	35g
蛋黄	1 个
低筋面粉	120g
泡打粉	3g
柠檬皮屑	1 个柠檬削皮的量
杏仁粉	30g

制作过程

1. 用电动打蛋器将黄油打散。
2. 筛入糖粉。
3. 用电动打蛋器搅打均匀。
4. 加入蛋黄，用刮刀翻拌均匀。
5. 筛入低筋面粉、泡打粉，用刮刀翻拌均匀。
6. 加入柠檬皮屑。

7. 加入杏仁粉。

8. 继续用刮刀翻拌均匀。

9. 将饼干面团分成每个 15g 的小面团。

10. 将称量好的面团分别搓圆，摆放在烤盘中，放入冰箱冷藏约 10 分钟。

11. 用手按扁饼干面团。

12. 将烤盘放入烤箱，上下火 170℃，烤约 20 分钟，至饼干表面呈现金黄色即可。

5

夏日柠檬

棒棒糖蛋糕

6个

棒棒糖蛋糕（6 个）

配方

海绵蛋糕	115g（约 5 个纸杯蛋糕的量）
无盐黄油	35g
黄色巧克力液	300g
小菊花	6 枚
白色蛋白糖霜	适量

制作过程

1. 将海绵蛋糕搓碎。
2. 在海绵蛋糕碎中加入无盐黄油。
3. 用手将两者混合均匀后整理成团状。
4. 称取 6 个蛋糕球，每个蛋糕球重为 25g。
5. 将棒棒糖棍蘸少许巧克力液。
6. 将棒棒糖棍插入蛋糕球，待巧克力液凝固。

7. 再将蛋糕球放入巧克力液中蘸匀。

8. 轻拍棒棒糖棍，去掉多余巧克力液。待巧克力液凝固。

9. 棒棒糖表面挤上白色蛋白糖霜。

10. 在表面用糖霜粘贴小菊花装饰即可。

6

夏日柠檬

柠檬挞

4个

柠檬酱

配方

柠檬汁	50g
细砂糖	80g
鸡蛋	90g
柠檬皮屑	1 个柠檬削皮的量
无盐黄油	95g

制作过程

1. 将柠檬汁、细砂糖、柠檬皮屑放入锅中。
2. 将鸡蛋液倒入锅中，中小火加热，边煮边搅拌。
3. 将柠檬酱煮至浓稠。
4. 煮好的柠檬酱倒入碗中，加入无盐黄油搅拌至顺滑。
5. 做好的柠檬酱表面覆盖保鲜膜，晾凉备用。

小菊花

1. 将白色干佩斯放在翻糖花茎板上，擀至粉圈厚度。
2. 用翻糖粉扑拍出适量防粘粉。
3. 用小号菊花模具刻出小菊花形状。
4. 将小菊花放入晾花碗内晾干定型。
5. 在小菊花中间刷适量清水。
6. 揉一个直径约0.3cm的金黄色干佩斯圆球。
7. 将小圆球放在小菊花中间。

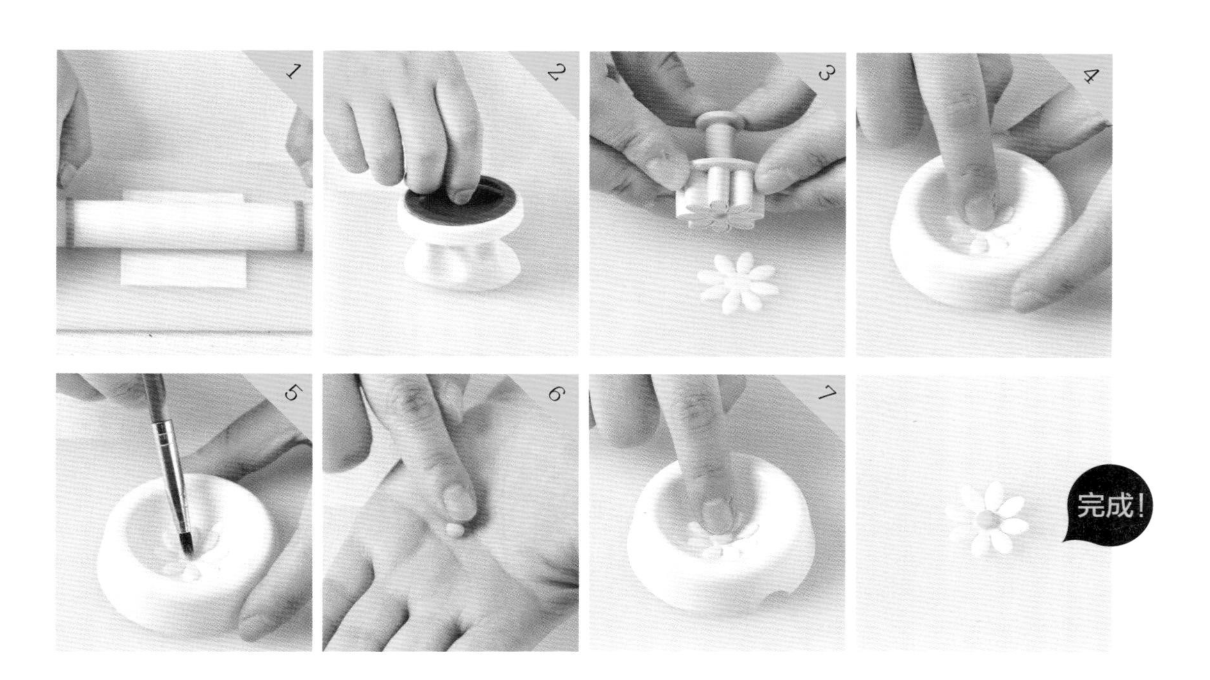

柠檬挞整体装饰

配方

直径 4cm 的挞壳	8 个
柠檬酱	80g
翻糖小菊花	8 个

制作过程

1. 在挞壳内逐一注入 10g 柠檬酱。
2. 表面逐一用翻糖小菊花加以装饰。

7

夏日柠檬

橙皮杏仁球

25 颗

橙皮杏仁球（25 颗）

配方

海绵蛋糕	385g（约 14 个纸杯蛋糕的量）
谷物圈	95g
杏仁碎	65g
无盐黄油	95g

装饰用料

谷物圈	20g
橙皮碎	10g
白色巧克力	200g

制作过程

1. 将海绵蛋糕搓碎。
2. 将谷物圈装保鲜袋内，用擀面杖压碎。
3. 将海绵蛋糕碎、谷物圈碎、杏仁碎混合均匀。
4. 加入无盐黄油。
5. 将蛋糕碎混合物混合均匀。
6. 将混合物均分成每个 25g 的蛋糕球。
7. 将蛋糕球搓圆。
8. 将谷物圈稍用手压碎。
9. 化开的白色巧克力中加入谷物圈碎和橙皮碎。
10. 将巧克力混合物混合均匀。
11. 将蛋糕球分别在巧克力混合物内滚一圈。
12. 摆放在硅胶垫上待巧克力冷却。

7
8
9
10
11
12
完成！

8

夏日柠檬

柠檬芝士奶油杯

6杯

柠檬酱（6 杯）

配方

柠檬汁	50g
细砂糖	80g
柠檬皮屑	1 个柠檬削皮的量
鸡蛋	90g
无盐黄油	95g

制作过程

1. 将除黄油外的其他原材料放入锅中。
2. 用中小火加热，边煮边搅拌。
3. 煮至浓稠，制成柠檬酱。
4. 将煮好的柠檬酱倒入碗中，加入黄油搅拌至顺滑。
5. 将碗口覆盖保鲜膜，待黄油柠檬酱晾凉，备用。

芝士奶油

配方

吉利丁片	5g
牛奶	150g
细砂糖	40g
奶油芝士	120g
淡奶油	80g

制作过程

1. 将吉利丁片剪小块，泡入凉水中，软化备用。
2. 将牛奶、细砂糖放入锅中。
3. 用中火煮至糖溶化，关火。
4. 放入软化的吉利丁块，搅拌均匀。
5. 将奶油芝士用电动打蛋器搅拌均匀。
6. 在奶油芝士中加入淡奶油，继续搅拌均匀。
7. 在芝士奶油中加入牛奶混合物。
8. 将芝士奶油搅拌均匀至顺滑。（若出现水油分离状态，可稍加热。）

打发奶油

奶油配方

淡奶油	60g
糖粉	6g

制作过程

1. 将淡奶油中加入糖粉。
2. 用电动打蛋器搅拌，打发至纹路清晰顺滑。

整体装饰

配方

3.5cm 口径 *10.5cm 高的玻璃杯	6 个
柠檬酱	70g
芝士奶油	395g
打发奶油	66g
薄荷叶	6 片

制作过程

1. 玻璃杯中挤入约 10g 柠檬酱。
2. 再加入约 65g 芝士奶油。
3. 将打发奶油用齿形花嘴在芝士奶油上方挤出螺旋状。
4. 表面装饰薄荷叶即成。

9

夏日柠檬

柠檬水

3瓶

柠檬水（3 瓶）

配方

水	150g
细砂糖	150g
柠檬	4 个
冰水	800g

装饰用料

容器（500ml）	3 个
吊牌	3 枚
黄色丝带	3 根

制作过程

1. 将水、细砂糖倒入锅中。
2. 中火煮至糖溶化，晾凉备用。
3. 用工具榨出 250g 新鲜柠檬汁，约需用 4 个鲜柠檬。
4. 将柠檬汁倒入糖水中，搅拌均匀。
5. 加入冰水，混合均匀。
6. 将做好的柠檬水装入玻璃瓶中，每瓶装约 450ml。
7. 将黄色丝带穿入吊牌中。
8. 将吊牌挂在瓶颈处。

10 夏日柠檬 伴手礼盒

配方（3个）

糖盒	3个
装饰丝带	3组
芒果糖	18颗

制作过程

1. 将糖果放入糖盒中。
2. 绑上装饰丝带即可。

夏日柠檬·构图

器皿

白色器皿、玻璃器皿、木质器皿

构图

水平构图

桌布

黄色桌旗

背景装饰物

绿植背景、花艺

1 翻糖花

7 马卡龙塔

8 葡萄酒气泡水

5 棒棒糖蛋糕

6 马卡龙

2
多层翻糖蛋糕
/ 红灰的雅致 / 6 /
4
纸杯蛋糕
3
翻糖饼干

牡丹花（2 朵）

花瓣制作过程

1. 用翻糖粉扑在翻糖花茎板上拍上防粘粉。
2. 在翻糖花茎板表面抹少量白油。
3. 将红色干佩斯搓成长条状，并按扁。
4. 用擀面杖擀薄后从根部提起，将干佩斯与花茎板脱离。
5. 用翻糖粉扑在翻糖花茎板表面拍上防粘粉。
6. 用糖花模刻出花瓣形状。
7. 从花瓣根部穿 26# 铁丝至花瓣 1/2 处，将花瓣根部与铁丝收紧。
8. 花茎朝下，将花瓣放在硅胶模具中间。

9. 用手按压硅胶模具。

10. 将花瓣从硅胶模具中取出，用球棒滚边。

11. 花茎朝上，将花瓣放在晾花碗中晾干定型。小号花瓣需要 3 片，中号花瓣需要 5 片，大号花瓣需要 5 片。

12. 为花瓣刷上色粉。

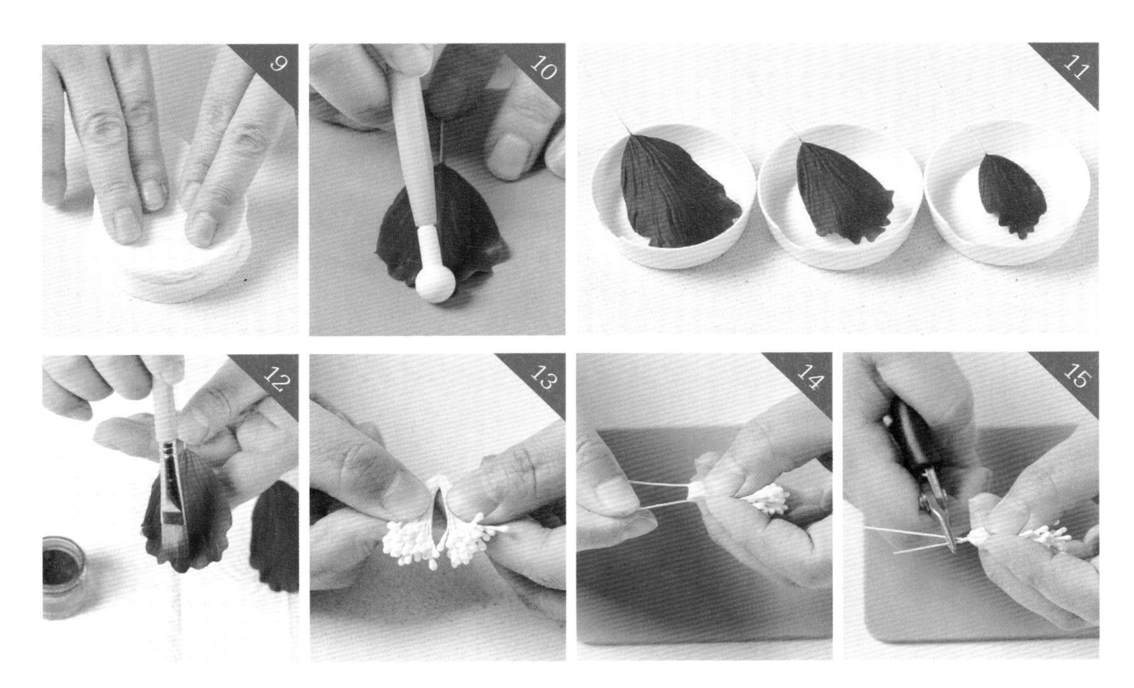

花心制作过程

13. 取双头花蕊对折。

14. 用 26# 铁丝穿过花蕊。

15. 用钳子将铁丝拧紧。

16. 从花蕊根部开始缠胶带至铁丝底部。

组装

17. 将小号花瓣从根部向外轻推后，组装花瓣并用胶带缠紧固定。

18. 将中号花瓣从根部向外轻推后，组装花瓣并用胶带缠紧固定。

19. 将大号花瓣从根部向外轻推后，组装花瓣并用胶带缠紧固定。

20. 再将胶带缠至铁丝底部。

21. 用高度酒将金粉调开，刷在花心上。

叶子（带铁丝）（大号2片、中号5片、小号2片）

制作过程

1. 用翻糖粉扑在花茎板上拍上防粘粉。
2. 在花茎板表面抹少量白油。
3. 将白色干佩斯搓成长条状，按扁。
4. 用擀面杖擀薄后从根部提起，将干佩斯与花茎板脱离。

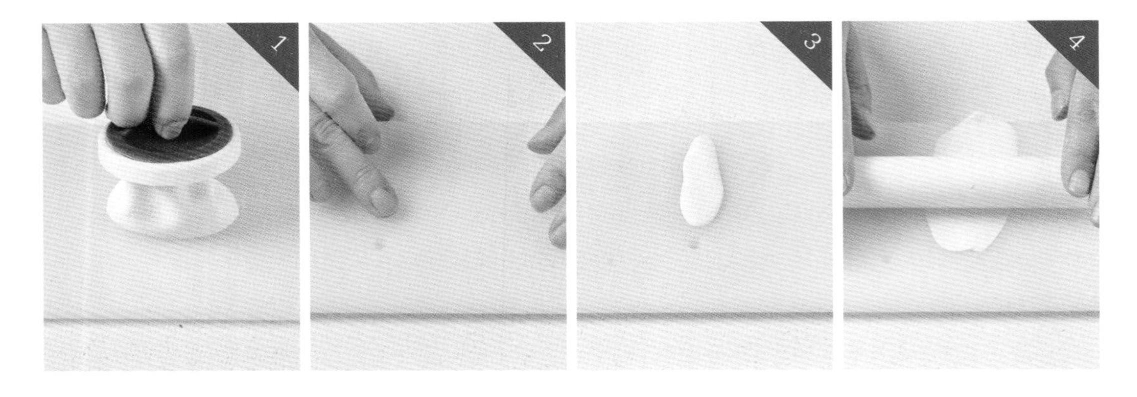

5. 用翻糖粉扑在花茎板表面拍上防粘粉。
6. 用叶子模刻出叶子形状。
7. 从叶子根部穿 26# 铁丝至叶子 1/2 处，将叶子根部与铁丝收紧。
8. 花茎朝下，将叶子放在硅胶模具中间。
9. 用手按压硅胶模具。
10. 将叶子从硅胶模具中取出，用球棒滚边。
11. 将叶子根部轻捏，干燥定型。
12. 用高度酒将金粉调开，刷在叶子上。

蔷薇花（3朵）

制作过程

1. 将红色干佩斯放在翻糖花茎板上，擀至粉圈厚度。
2. 用翻糖粉扑拍上防粘粉。
3. 用直径 6cm 的玫瑰花模具刻出五瓣花形状。

4. 用球棒滚花瓣边缘。
5. 在五瓣花中间刷适量清水。
6. 将两片五瓣花错缝粘在一起。
7. 将花放入晾花碗中。
8. 用厨房纸将部分花瓣垫起，晾干。
9. 在花瓣中间挤少许蛋白糖霜。
10. 再放上金球。
11. 在金球周围撒金色砂糖，并将多余金色砂糖倒出。

玫瑰花（5朵）

花心制作过程

1. 用钳子将 20# 铁丝打弯钩。
2. 将白色干佩斯揉成水滴状。
3. 铁丝弯钩处粘适量清水，并将多余清水在手背去除。
4. 将铁丝弯钩从水滴大头穿入至中间。
5. 将水滴底部与铁丝收紧，制成花心。
6. 花心长度约占花瓣长度的 2/3。将花心晾干，备用。

花朵制作过程

7. 将灰色干佩斯放在翻糖花茎板上擀薄。
8. 用翻糖粉扑拍上防粘粉。
9. 用直径 10cm 的玫瑰花模具刻出五瓣花形状。
10. 用球棒滚花瓣边缘。
11. 将花心插在花瓣中间。
12. 在花瓣上涂抹适量清水。
13. 将一片花瓣包紧花心。
14. 将两片不相邻的花瓣包起。
15. 再将剩余两片花瓣包起。
16. 重复步骤 7~ 步骤 10 的操作。
17. 花瓣背面用牙签卷边。选两片不相邻花瓣卷一侧，其他花瓣卷两侧。
18. 将包好第一层的玫瑰花插在花瓣中间。
19. 将花瓣上涂抹适量清水。
20. 将两瓣卷一侧花瓣粘贴在第一层花瓣上。

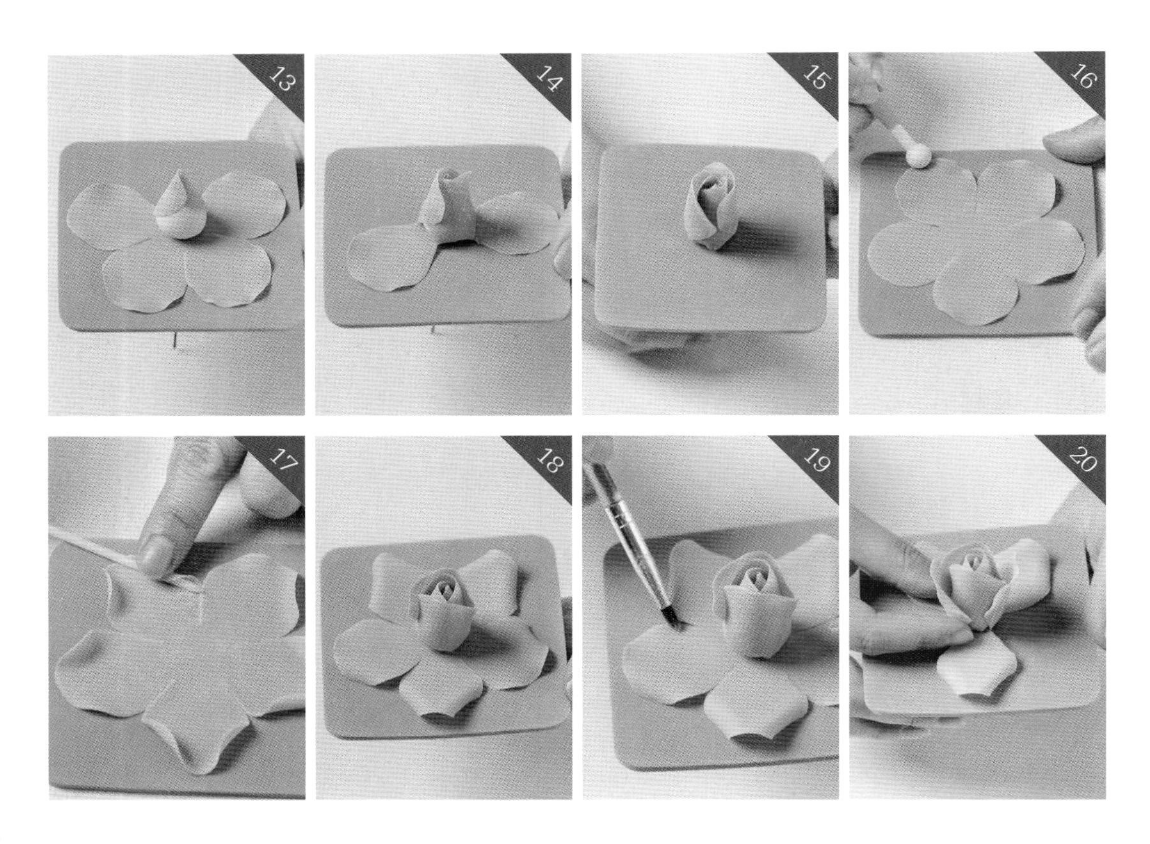

21. 将花倒扣。
22. 将花瓣整理，并粘贴。
23. 重复步骤 7~ 步骤 10 的操作。
24. 在花瓣背面用牙签卷花瓣两侧。
25. 将包好两层的玫瑰花插在花瓣中间。
26. 在花瓣上涂抹适量清水。
27. 将花倒扣，整理花瓣。晾干，备用。

叶子（15片）

制作过程

1. 将白色干佩斯放在翻糖花茎板上擀薄。
2. 用翻糖粉扑在花茎板表面拍上防粘粉。
3. 用叶子模刻出叶子形状。
4. 将刻好的叶子干佩斯放在硅胶模具中。
5. 用手按压硅胶模具。
6. 用球棒滚叶子边缘。
7. 将叶子根部轻捏，干燥定型。
8. 用高度酒将金粉调开，刷在叶子上。

红五瓣花（若干）

制作过程

1. 将红色干佩斯放在翻糖花茎板上，擀至粉圈厚度。
2. 用翻糖粉扑拍出防粘粉。
3. 用五瓣花弹簧模具刻出五瓣花形状。
4. 用翻糖粉扑在硅胶模具里拍上防粘粉。

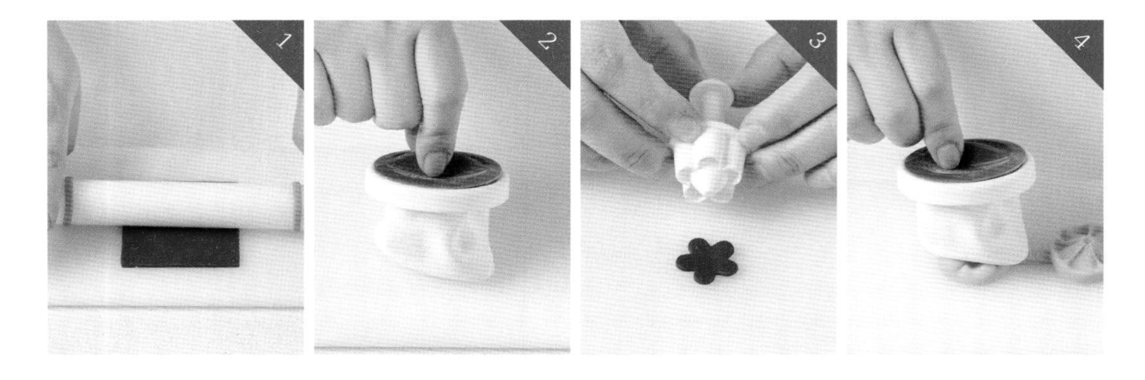

5. 将五瓣花干佩斯放在模具中间。
6. 用手轻压模具。
7. 将压好纹理的五瓣花干佩斯取出，放在翻糖花茎板上晾干。
8. 将红色干佩斯放在翻糖花茎板上，擀至粉圈厚度。
9. 用翻糖粉扑拍出防粘粉。
10. 分别用中号、小号五瓣花弹簧模具刻出五瓣花形状。
11. 将五瓣花在厚海绵垫上推出。
12. 晾干备用。

灰五瓣花（8 朵）

制作过程

1. 将灰色干佩斯放在翻糖花茎板上，擀至粉圈厚度。
2. 用翻糖粉扑拍出防粘粉。
3. 用五瓣花模具刻出五瓣花形状。
4. 用翻糖粉扑在硅胶模具上拍上防粘粉。
5. 将五瓣花干佩斯放在模具中间。
6. 用手轻压模具。
7. 取出，放鸡蛋海绵上定型，晾干。

2
红灰的雅致
多层翻糖蛋糕

包糖皮

翻糖皮用量

5 寸蛋糕使用翻糖皮	450g（白色）
6 寸蛋糕使用翻糖皮	800g（白色）
8 寸蛋糕使用翻糖皮	900g（红色）
10 寸蛋糕底托使用翻糖皮	150g（红色）

8 寸蛋糕覆盖翻糖皮

1. 蛋糕假体顶部及周围涂抹白油。
2. 将翻糖皮揉成圆团放在硅胶垫中间。
3. 用手将翻糖皮圆团按压均匀。
4. 用擀面杖将翻糖皮圆团向四周擀圆。
5. 8 寸蛋糕使用的翻糖皮需擀成直径为 45cm 的饼状。（5 寸蛋糕需擀成直径为 32cm 的饼状）

1

2

3

4

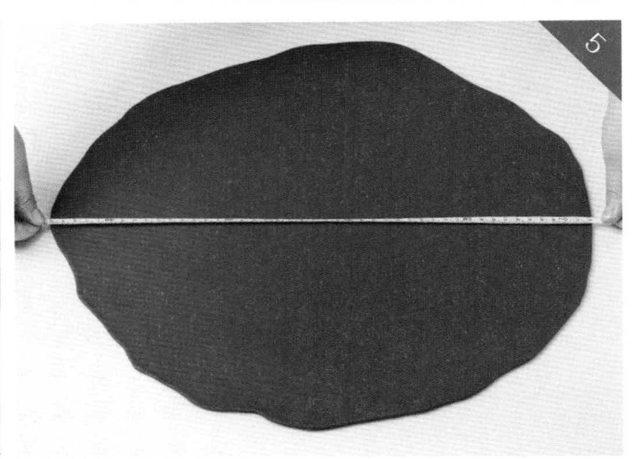
5

6. 将两块潮湿布中间夹放一个小碗。
7. 将蛋糕假体放在潮湿布顶端。将擀好的翻糖皮用擀面杖卷起，搭在蛋糕假体表面。
8. 将蛋糕假体顶部及四周翻糖皮与蛋糕假体贴合。
9. 用小刀将蛋糕假体底部多余翻糖皮裁掉。
10. 用抹平器将蛋糕假体表面及周围抹平整。依法将蛋糕底托、5 寸蛋糕假体、6 寸蛋糕假体包好糖皮。

覆盖翻糖皮的 8 寸蛋糕假体

覆盖翻糖皮的 10 寸蛋糕底托

覆盖翻糖皮的 5 寸蛋糕假体

覆盖翻糖皮的 6 寸蛋糕假体

组装及装饰

摞蛋糕

1. 蛋糕底托中间涂抹少量蛋白糖霜。
2. 将 8 寸蛋糕假体摞在蛋糕底托上。
3. 重复涂抹糖霜、摞蛋糕假体步骤，将蛋糕假体整体摞好。

装饰

4. 底托及 5 寸蛋糕假体底部用蛋白糖霜粘贴丝带。
5. 将大、中、小五瓣花用蛋白糖霜粘贴在 8 寸蛋糕假体上。
6. 将牡丹花及叶子插在蛋糕假体上。

3

红灰的雅致

翻糖饼干

3块

黄油饼干底（3 块）

配方

无盐黄油	200g
细砂糖	160g
鸡蛋	100g
低筋面粉	540g

制作过程

1. 将无盐黄油用刮刀碾拌均匀。
2. 加入细砂糖。
3. 用刮刀混合均匀。
4. 分 3 次加入鸡蛋液，待前一次完全吸收后再加入下一次。
5. 筛入低筋面粉。
6. 用刮刀碾拌均匀。
7. 整理成团，无干粉状。
8. 将面团装入保鲜袋中。

9. 用擀面杖压成厚度为 0.5cm 的饼干面饼。

10. 将面饼放在烤盘上，放入冰箱冷藏变硬。

11. 将面团取出，用模具刻出饼干坯。

12. 将饼干坯放在烤盘上。

13. 放入烤箱，上下火 170℃，烤约 15 分钟，至饼干表面呈现金黄色。

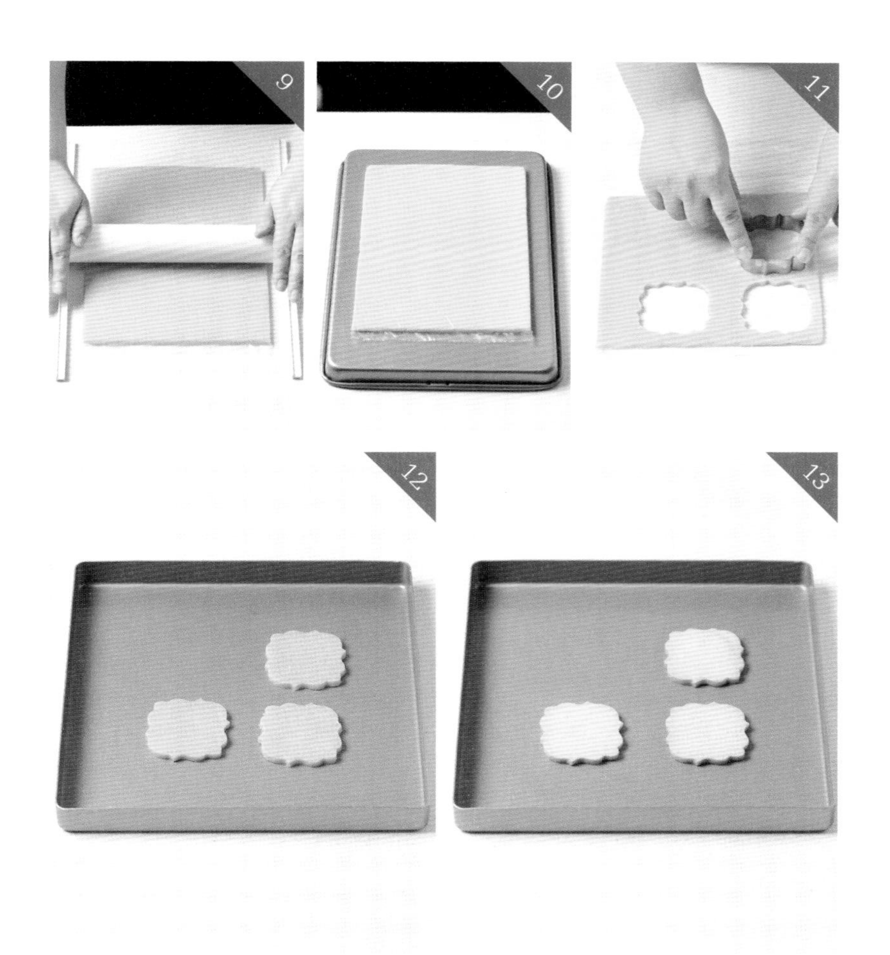

装饰

配方

翻糖饼干	3 块
白色翻糖膏	100g
蔷薇花	3 朵
蛋白糖霜	适量

制作过程

1. 将白色翻糖膏放在翻糖花茎板上，擀至紫圈厚度。
2. 将白色翻糖皮放在硅胶垫上，用手压出纹路。
3. 用翻糖粉扑在翻糖花茎板表面拍上防粘粉。
4. 用饼干模具刻出翻糖皮。
5. 在饼干表面挤少量蛋白糖霜。
6. 将刻好的白色翻糖皮覆盖在饼干表面。
7. 在饼干表面挤上蛋白糖霜。
8. 将蔷薇花放在饼干表面装饰。

4
红灰的雅致
纸杯蛋糕
3个

椰奶纸杯蛋糕（6 个）

配方

鸡蛋	1.5 个
细砂糖	42g
低筋面粉	45g
玉米油	11g
凉开水	7.5g
椰子粉	5g
香草精	2.5ml

制作过程

1. 将鸡蛋磕入盆中，用电动打蛋器打散。
2. 加入细砂糖。
3. 用电动打蛋器高速打发至出现明显纹路，但很快消失。
4. 将电动打蛋器换低速打发至纹路不易消失。
5. 筛入低筋面粉。
6. 用手动打蛋器翻拌均匀。
7. 将玉米油、凉开水、椰子粉、香草精混合均匀。
8. 在混合物中加入一部分原面糊，用手动打蛋器翻拌均匀。

9. 再将混合物倒回原面糊中。
10. 用刮刀翻拌均匀。
11. 然后将面糊装入裱花袋中。
12. 挤入蛋糕模具内的油纸杯中，至九分满。
13. 将模具放入烤箱，上下火 170℃，烤约 25 分钟，至蛋糕表面呈现金黄色。

奶油霜

配方

无盐黄油	100g
糖粉	10g

制作过程

1. 将无盐黄油放入盆中，用电动打蛋器搅打均匀。
2. 加入糖粉。
3. 用电动打蛋器将无盐黄油打发至体积膨大、颜色变浅。

装饰

配方

椰奶纸杯蛋糕	5 个
奶油霜	100g
灰色玫瑰翻糖花	5 个
金色叶子	15 个
金色纸杯	3 个

制作过程

1. 将奶油霜装入带有齿形裱花嘴的裱花袋中，在椰奶纸杯蛋糕表面挤出双层火炬状。
2. 将玫瑰翻糖花底部铁丝剪掉。
3. 摆放在椰奶纸杯蛋糕上。
4. 插上叶子作装饰。
5. 将其中三个装饰好的纸杯蛋糕套入金色纸杯中。

5

红灰的雅致

棒棒糖蛋糕

4个

棒棒糖蛋糕（4 个）

配方

海绵蛋糕	165g（约 5 个纸杯蛋糕的量）
无盐黄油	47g
白色巧克力液	400g
灰五瓣花	6 个
红色蝴蝶结	6 个
红色蛋白糖霜	适量

制作过程

1. 将海绵蛋糕搓碎。
2. 在海绵蛋糕碎中加入无盐黄油。
3. 用手将其混合均匀后整理成团状。
4. 称取 6 个蛋糕球，每个蛋糕球重约 35g。

5. 将棒棒糖棍蘸少许巧克力液。
6. 将棒棒糖棍插入蛋糕球，待巧克力凝固。
7. 再将蛋糕球插入巧克力液内。
8. 轻拍棒棒糖棍，去掉多余巧克力液。
9. 将蛋糕大头朝下放在硅胶垫上，待巧克力凝固。
10. 棒棒糖表面挤上红色蛋白糖霜。
11. 在表面用糖霜粘贴灰五瓣花装饰。
12. 最后用双面胶将红色蝴蝶结固定在棒棒糖棍上。

6

红灰的雅致

马卡龙

6块

7
红灰的雅致
马卡龙塔
2个

马卡龙

红色马卡龙配方（直径 3cm，约 140 片）

蛋白	200g
细砂糖	100g
色粉	3/2 茶匙
糖粉	450g
杏仁粉	300g

灰色马卡龙配方（直径 4cm，约 30 片）

蛋白	50g
细砂糖	25g
色粉	3/4 茶匙
糖粉	113g
杏仁粉	75g

制作过程

1. 在蛋白中加入马卡龙色粉。
2. 用电动打蛋器将蛋白打散。
3. 分三次加入细砂糖，用电动打蛋器中速搅拌。
4. 搅拌至提起电动打蛋头材料呈弯钩状，停止。

5. 将糖粉、杏仁粉混合均匀。

6. 在打好的蛋白霜中分三次加入糖粉、杏仁粉混合物，每次都翻拌均匀后再加下一次。

7. 用刮刀翻拌调整流动性，使其呈飘带状即可。

8. 将马卡龙面糊装入装有圆形裱花嘴的裱花袋中。

9. 在烤盘上挤出直径 3cm 的马卡龙面糊。

10. 轻轻震动烤盘，晾皮。放入烤箱，上下火 150℃，烤约 18 分钟。灰色马卡龙用同样方法制作。

奶油霜

配方

无盐黄油	100g
糖粉	10g

制作过程

1. 无盐黄油放盆中，用电动打蛋器搅打均匀。
2. 加入糖粉。
3. 用电动打蛋器将黄油打发至体积膨大、颜色变浅。

灰色马卡龙（6 个）

配方

灰色马卡龙片	12 片
奶油霜	30g

制作过程

1. 将奶油霜挤到马卡龙片上。
2. 然后将两片马卡龙片对齐，将奶油霜稍稍挤压。

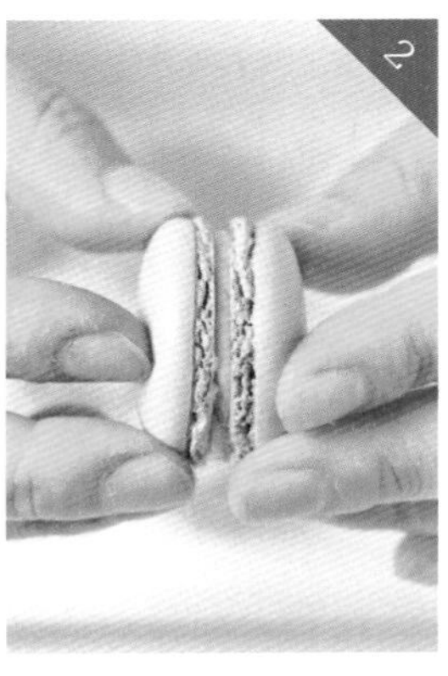

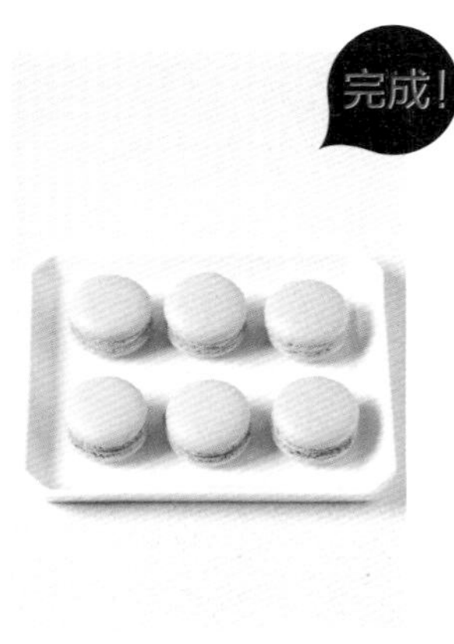

红色马卡龙塔（2个）

配方

白色翻糖膏	400g
红色马卡龙片	约70片
奶油霜	80g

（注：此为1个马卡龙塔的配方用量，需制作2个马卡龙塔）

制作过程

1. 在泡沫假体表面涂抹白油。
2. 将白色翻糖膏搓成锥形，并按扁。
3. 将按扁的翻糖膏擀成半径25cm、弧长45cm的扇形。
4. 将擀好的翻糖皮裹在泡沫假体上。

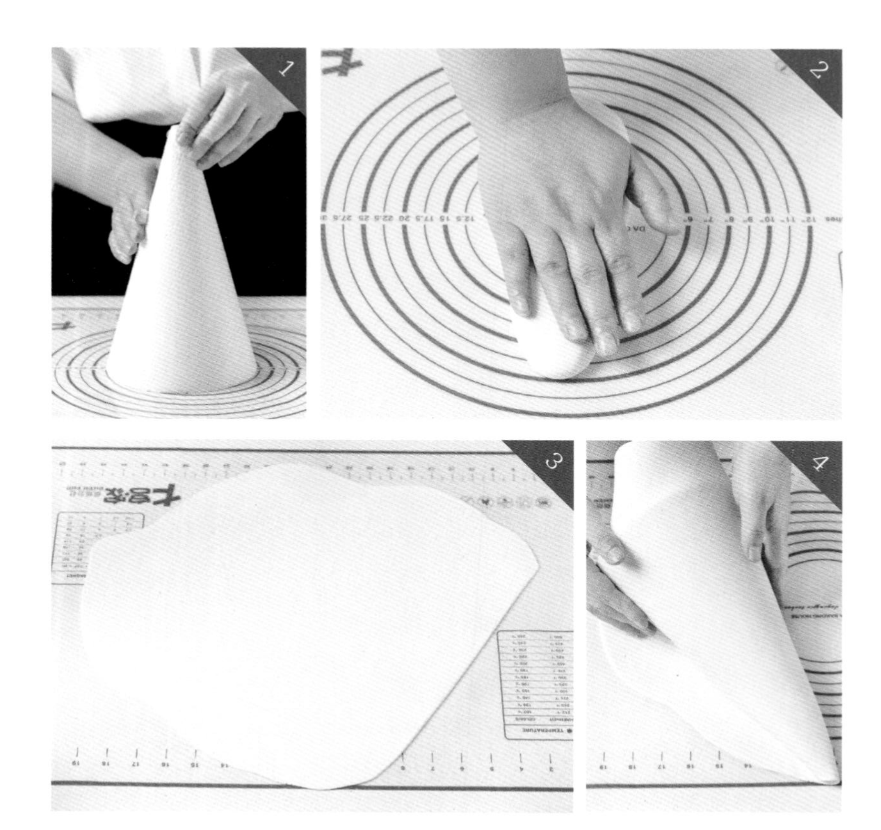

5. 用刀将中间多余翻糖皮裁掉。
6. 用刀将尖端多余翻糖皮裁掉，并捏紧。
7. 用刀将泡沫假体底端多余翻糖皮裁掉。
8. 将牙签插入泡沫假体。
9. 再在牙签上挤奶油霜。
10. 将红色马卡龙片粘贴在马卡龙塔上即成。

8

红灰的雅致

葡萄酒气泡水

6杯

配方

葡萄酒	90g
气泡水	120g

（注：此为1杯的配方量，需准备6杯）

制作过程

1. 杯中倒入葡萄酒。
2. 再倒入气泡水即成。

红灰的雅致·构图

器皿

白色器皿、玻璃金色器皿

构图

中心式对称

背景装饰物

气球、银粉字母摆件

/ 粉色的梦 / 7 /

① 单层主蛋糕

OME
ING HOUSE
8th
PARTY
4 棉花糖罐
3 树莓纸杯蛋糕
2 米花甜筒

单层主蛋糕

1个

6寸蛋糕底（2个）

配方

鸡蛋	3个
细砂糖	85g
低筋面粉	90g
玉米油	22g
牛奶	20g
香草精	5ml

（注：此为1个6寸蛋糕底的配方量，需要制作2个6寸蛋糕底）

制作过程

1. 将鸡蛋磕入碗中，用电动打蛋器打散。
2. 加入细砂糖。
3. 用电动打蛋器高速打发至出现明显纹路，但很快消失。
4. 将电动打蛋器换低速打发至纹路不易消失。
5. 筛入低筋面粉。
6. 用手动打蛋器翻拌均匀。
7. 将玉米油、牛奶、香草精混合均匀。
8. 在混合物中加入一部分原面糊，用手动打蛋器翻拌均匀。

9. 再将混合物倒回原面糊中。

10. 用刮刀翻拌均匀。

11. 将面糊倒入模具后轻震模具。

12. 放入烤箱，上下火 170℃，烤约 35 分钟，至蛋糕表面呈金黄色。取出，倒扣在晾网上晾凉。

装饰 1

奶油霜配方

无盐黄油	1000g
糖粉	100g

制作过程

1. 将无盐黄油放入盆中，用电动打蛋器搅打均匀。
2. 加入糖粉。
3. 用电动打蛋器将无盐黄油打发至体积膨大、颜色变浅。

奶油霜调色

4. 用粉色色素和紫色色素将奶油霜调成玫红色。

（加入色素后的效果）

装饰 2

蛋糕脱模及分层

1. 将双手 45° 角向内轻压模具中的蛋糕，使蛋糕体侧面与模具剥离。
2. 双手将蛋糕底部顶起。
3. 四指沿模具底托向下按压，使蛋糕体底部与模具剥离。
4. 用蛋糕分层器将蛋糕分层。
5. 2 个 6 寸蛋糕均分为 4 片。

奶油霜抹面及装饰

6. 转盘中间放上防滑垫。
7. 防滑垫上放蛋糕底托。
8. 再在蛋糕底托上抹少许奶油霜。
9. 将一片蛋糕放在底托中央。
10. 用刮刀取奶油霜放至蛋糕片上。
11. 然后用抹刀将奶油霜抹平。
12. 将第二层蛋糕片放在奶油霜上面。用手轻压，使蛋糕整体平整。
13. 重复步骤 10~ 步骤 12 至四片蛋糕全部摆好。
14. 用刮刀取奶油霜放至蛋糕顶部。
15. 然后用抹刀将顶部抹薄薄一层奶油霜。
16. 再用抹刀将侧面抹薄薄一层奶油霜。

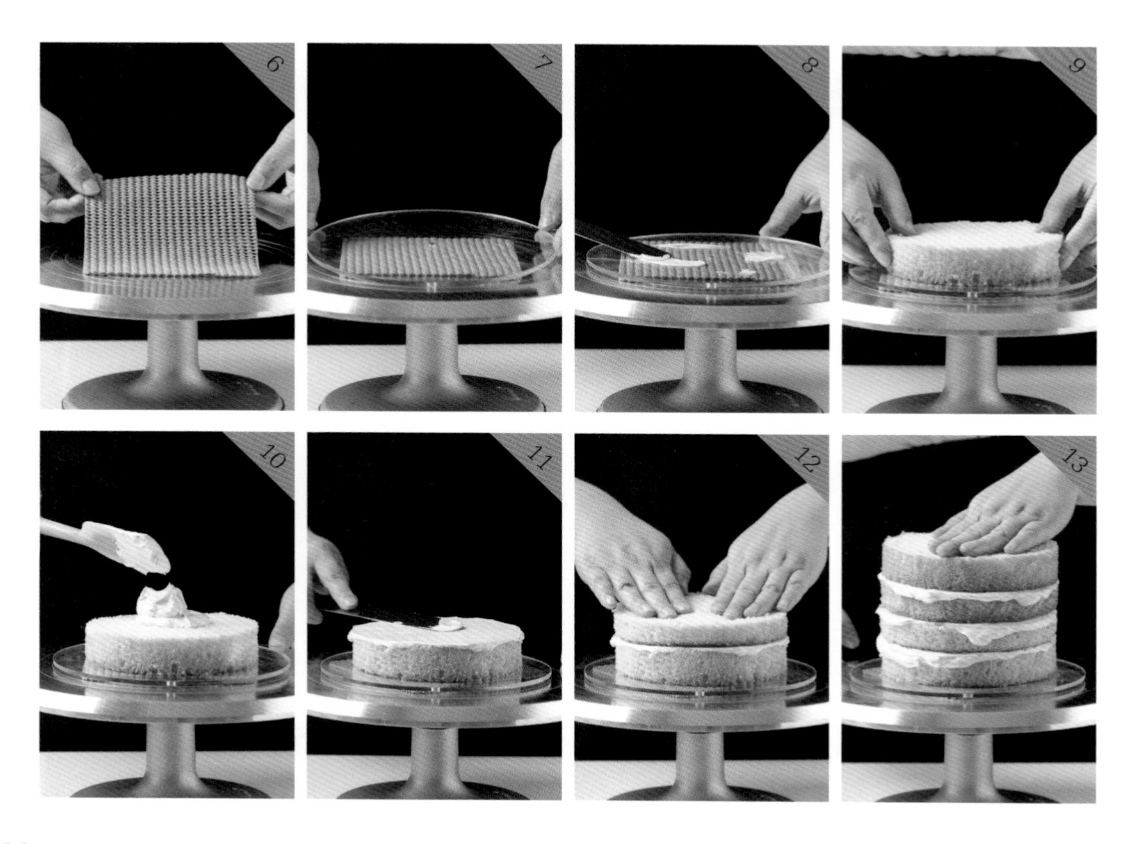

14
15
16
17
18
19
20
21
22

17. 将蛋糕抹好奶油霜后，放入冰箱冷冻约 20 分钟待表面变硬。

18. 取出，用抹刀将顶部、侧面白色奶油霜抹平。

19. 用齿形刮板刮出均匀纹路。

20. 用抹刀将顶部多余白色奶油霜收平，放入冰箱冷冻约 20 分钟待表面变硬。

21. 取出，用抹刀将玫红色奶油霜在蛋糕侧面缝隙中涂抹均匀。

22. 用刮板将侧面刮平。

23. 用装有齿形花嘴的裱花袋装入白色奶油霜。垂直在蛋糕顶部均匀挤出 6 个火炬形花朵。

24. 在蛋糕顶部撒上装饰糖。

25. 将蛋糕插牌摆放在蛋糕上即成。

2

粉色的梦

米花甜筒

4个

米花甜筒（4 个）

糖米花配方

无盐黄油	20g
棉花糖	75g
奶粉	20g
爆米花	40g
甜筒	5 个

制作过程

1. 将无盐黄油放入锅中炒化。
2. 放入棉花糖炒至完全化开。
3. 加入奶粉，用刮刀搅拌均匀。
4. 在锅中倒入爆米花，使所有食材混合均匀后，离火。
5. 将甜筒底部塞入糖米花。
6. 再用手将糖米花攥成球状，放在甜筒顶部。

装饰

配方

浅粉色巧克力	50g
深粉色巧克力	50g

制作过程

1. 将化开的深粉色巧克力灌入模具中，凝固后脱模，制成巧克力块，备用。
2. 将化开的浅粉色巧克力淋在米花甜筒顶部。
3. 用化开的巧克力将深粉色巧克力块固定在米花甜筒顶部。

3

粉色的梦

树莓纸杯蛋糕

12个

树莓纸杯蛋糕（12 个）

配方

鸡蛋	3 个
细砂糖	85g
低筋面粉	90g
玉米油	22g
牛奶	20g
香草精	5ml
树莓果酱	20g

制作过程

1. 将鸡蛋磕入盆中，用电动打蛋器打散。
2. 加入细砂糖。
3. 用电动打蛋器高速打发至出现明显纹路，但很快消失。
4. 将电动打蛋器换低速打发至纹路不易消失。
5. 筛入低筋面粉。
6. 用手动打蛋器翻拌均匀。
7. 将玉米油、牛奶、香草精、树莓果酱混合均匀。
8. 在混合物中加入一部分原面糊，用手动打蛋器翻拌均匀。

9. 再将混合物倒回原面糊中。
10. 用刮刀翻拌均匀。
11. 将面糊装入裱花袋，挤入油纸杯中，至八分满。
12. 将烤盘放入烤箱，上下火 170℃，烤约 25 分钟，至蛋糕表面呈现金黄色。

奶油霜

配方

无盐黄油	1000g
糖粉	100g

制作过程

1. 将无盐黄油放入盆中，用电动打蛋器搅打均匀。
2. 加入糖粉。
3. 用电动打蛋器将无盐黄油打发至体积膨大、颜色变浅。

装饰

材料

树莓纸杯蛋糕	12 个
白色奶油霜	420g
插牌	12 个

制作过程

1. 将奶油霜装入装有齿形裱花嘴的裱花袋中，在蛋糕表面挤出火炬状。
2. 在蛋糕奶油霜上插入插牌即成。

4

粉色的梦

棉花糖罐

2个

材料

粉色棉花糖	50 颗
白色棉花糖	70 颗

粉色的梦・构图

器皿

白色器皿、玻璃器皿

构图

水平式对称

背景装饰物

气球、银粉字母摆件

I WANNA
ROTATI
CLOS

/ 漫步星球 / 8 /

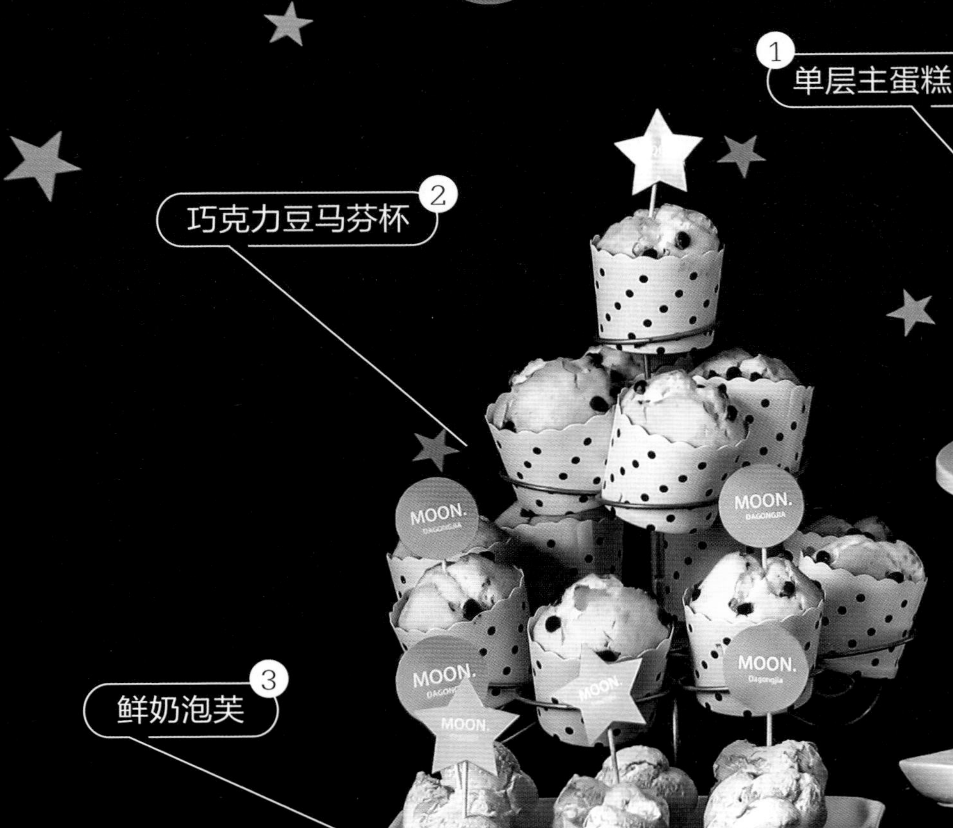
1 单层主蛋糕
2 巧克力豆马芬杯
3 鲜奶泡芙
MOON.
MOON.
MOON.
MOON.

4
草莓牛奶
5
森林果果酱
MOON.
MOON.

1
漫步星球
单层主蛋糕
1个
Happy
Birth

6 寸蛋糕底（2 个）

配方

鸡蛋	3 个
细砂糖	85g
低筋面粉	90g
玉米油	22g
牛奶	20g
香草精	5ml

（注：此为 1 个蛋糕的配方量，需要准备 2 个 6 寸蛋糕底）

制作过程

1. 将鸡蛋磕入盆中，用电动打蛋器打散。
2. 加入细砂糖。
3. 用电动打蛋器高速打发至出现明显纹路，但很快消失。
4. 将电动打蛋器换低速打发至纹路不易消失。
5. 筛入低筋面粉。
6. 用手动打蛋器翻拌均匀。
7. 将玉米油、牛奶、香草精混合均匀。
8. 混合物中加入一部分原面糊，用手动打蛋器翻拌均匀。

9. 将混合物倒回原面糊中。

10. 用刮刀翻拌均匀。

11. 将面糊倒入模具后轻震模具。

12. 将模具放入烤箱，上下火 170℃，烤约 35 分钟，至蛋糕表面呈金黄色。将烤好后的蛋糕取出，倒扣在晾网上。

装饰 1

奶油霜配方

无盐黄油	1000g
糖粉	100g

制作过程

1. 将无盐黄油用电动打蛋器搅打均匀。
2. 加入糖粉。
3. 将无盐黄油打发至体积膨大、颜色变浅。

奶油霜调色

4. 使用适量黑色色素混合适量奶油霜调成黑色奶油霜。

5. 使用适量黑色色素混合适量奶油霜调成灰色奶油霜。

（加入色素后的效果）

（加入色素后的效果）

装饰 2　翻糖彩绘火箭和星球

配料

白色干佩斯	适量
色素（黑色、粉色、紫色、天蓝色、黄色、红色）	适量

制作过程

1. 将白色干佩斯放在翻糖花茎板上，擀至粉圈厚度（1.5mm）。
2. 沿纸模边缘用刻刀将翻糖片切割出火箭和星球状。
3. 将刻好后的翻糖片晾干，备用。
4. 将色素用少量高度酒稀释，用毛笔在翻糖片表面彩绘出火箭和星球。

棒棒糖星星

配料

黑色干佩斯	适量
银色闪粉	适量
棒棒糖棍	适量

制作过程

5. 将黑色干佩斯擀至粉圈厚度（1.5mm）。

6. 用翻糖粉扑在花茎板上拍上防粘粉。

7. 用星星模具分别刻出小号、中号翻糖片。（2片同大的翻糖片制作一个棒棒糖星星。）

8. 星星翻糖片背面抹少量清水。

9. 翻糖片上放置棒棒糖棍。

10. 再将另一片星星翻糖片覆盖在表面。用手对齐边缘，并固定在棒棒糖棍周围。晾干备用。

11. 将所有星星表面用毛刷任意刷几下清水。

12. 在星星表面撒银色闪粉。

13. 再将表面多余闪粉磕掉。

装饰 3

蛋糕脱模及分层

1. 将双手 45° 角向内轻压蛋糕，使蛋糕体侧面与模具剥离。

2. 双手将蛋糕底部顶起。

3. 四指沿模具底托向下按压，使蛋糕体底部与模具剥离。

4. 用蛋糕分层器将蛋糕分层。

5. 将 2 个 6 寸蛋糕均分为 4 片。

奶油霜抹面

6. 在转盘中间放上防滑垫。

7. 在防滑垫上放蛋糕底托。

8. 蛋糕底托上抹少许奶油霜。

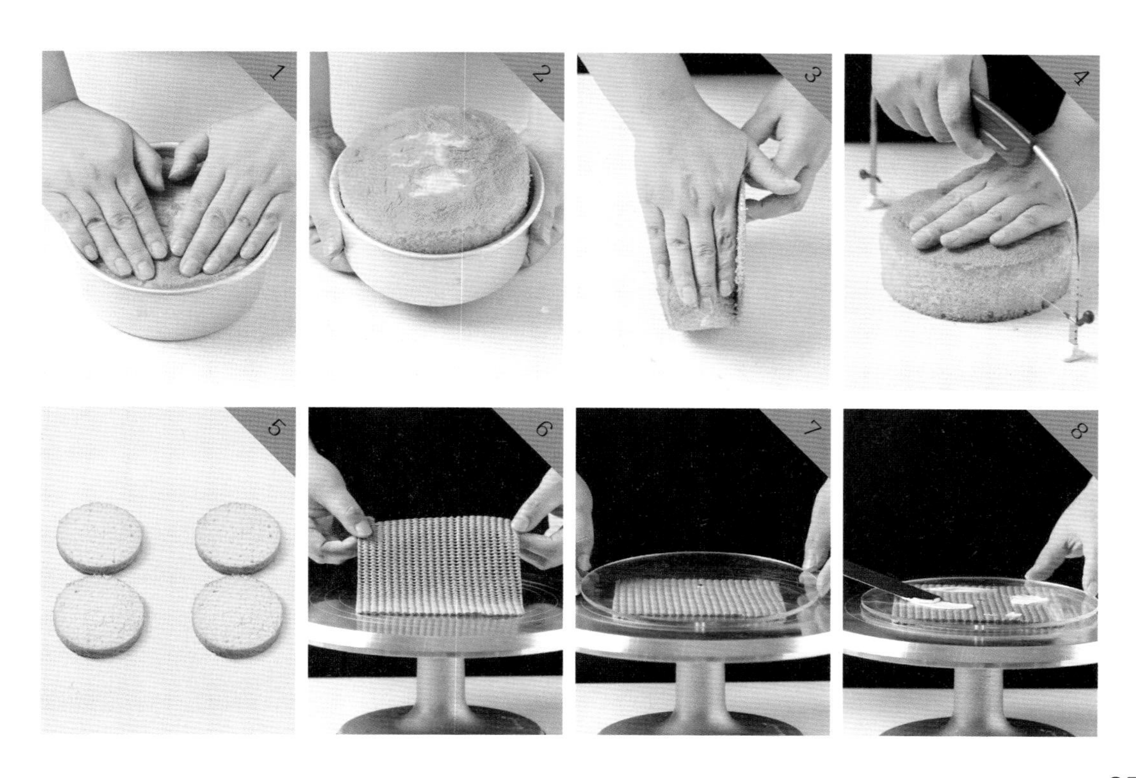

9. 将一片蛋糕放在底托中央。

10. 用刮刀取奶油霜放至蛋糕片上。

11. 再用抹刀将奶油霜抹平。

12. 将第二层蛋糕片放在奶油霜上面，用手轻压，使蛋糕整体平整。

13. 重复以上步骤至四片蛋糕全部摞好。

14. 用刮刀取奶油霜放至蛋糕顶部。

15. 用抹刀在顶部抹薄薄一层奶油霜。

16. 再用抹刀在侧面抹薄薄一层奶油霜。

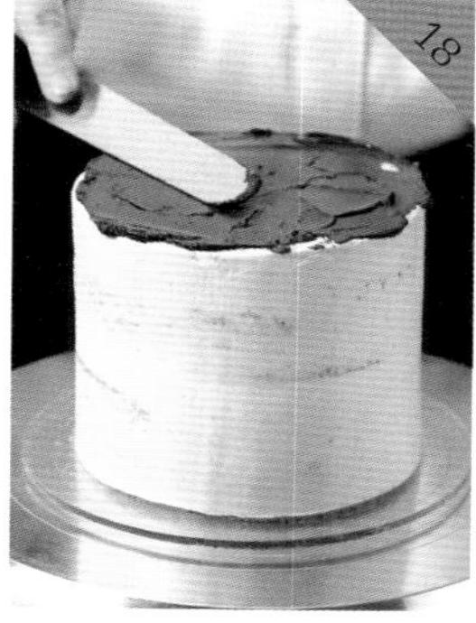

17. 将蛋糕抹好面后，放入冰箱冷冻约 20 分钟待表面变硬。

18. 取出，用黑色奶油霜将蛋糕顶部抹平。

19. 用黑色奶油霜将蛋糕侧面抹平。

20. 用抹刀将顶部多余奶油霜收平。

21. 将少量灰色奶油霜涂抹在蛋糕侧面。用抹刀将两色接触部位多抹几下，使颜色均匀晕染开。

22. 用同样的方法再将少量灰色奶油霜涂抹在蛋糕顶部。

23. 用毛笔蘸银色闪粉装饰侧面。

24. 将彩绘火箭和星球翻糖片粘贴在蛋糕侧面。

25. 将棒棒糖星星装饰在蛋糕顶部和侧面。

2

漫步星球

巧克力豆马芬杯 14个

巧克力豆马芬杯蛋糕（14 个）

配方

鸡蛋	220g
糖粉	150g
香草精	1.25ml
黄油	150g
牛奶	45g
低筋面粉	280g
泡打粉	8g
盐	3g
耐烤巧克力豆	30g
耐烤巧克力豆	10g（装饰用）

制作过程

1. 将鸡蛋磕入盆中，用电动打蛋器打散。
2. 筛入糖粉，用电动打蛋器搅打至均匀。
3. 加入香草精，用电动打蛋器搅打至均匀。
4. 加入化开的黄油，用电动打蛋器搅打至均匀。
5. 倒入牛奶，用电动打蛋器搅打至均匀。
6. 筛入低筋面粉、盐、泡打粉的混合物。
7. 用电动打蛋器低速混合均匀。
8. 在混合面糊中加入 30g 耐烤巧克力豆。

9. 用刮刀将面糊翻拌均匀。
10. 将面糊装入裱花袋，挤入马芬纸杯中，至八分满。
11. 在面糊表面撒 10g 耐烤巧克力豆作装饰。
12. 将烤盘入烤箱，上下火 170℃，烤约 25 分钟，至蛋糕表面呈现金黄色。

装饰

材料

巧克力豆马芬杯蛋糕	14 个
蛋糕插牌	14 枚

制作过程

将做好的巧克力豆马芬杯蛋糕上插入蛋糕插牌。

3
漫步星球
鲜奶泡芙
9个
MOON.
Dagongjia
MOON.
Dagongjia

泡芙（约 20 个）

配方

水	100g
黄油	50g
盐	1g
低筋面粉	80g
鸡蛋	130g

（注：此为 20 个泡芙的配方量，成品需 9 个。）

制作过程

1. 将水、黄油、盐放入锅中。
2. 中小火煮至黄油化开，液体沸腾。
3. 在液体中倒入低筋面粉。
4. 用刮刀搅拌均匀至无干粉，用中小火炒制。
5. 炒至锅底层形成一层薄膜后离火。
6. 将锅中面糊倒入另一盆中，用电动打蛋器将面糊中热气打散，降温至 60℃以下。

7. 在面糊中分多次加入蛋液，用电动打蛋器搅打均匀，需待上一次完全吸收后再加入下一次。
8. 待提起打蛋头面糊呈现倒三角状即可。
9. 将泡芙面糊装入装有圆形裱花嘴的裱花袋中，在烤盘中挤出直径 5cm 左右的圆形。
10. 将烤盘放入烤箱，上下火 200℃，烤约 25 分钟，至泡芙表面呈现金黄色。

打发淡奶油

配方

淡奶油	80g
糖粉	8g

制作过程

1. 将淡奶油、糖粉混合均匀。
2. 用电动打蛋器高速打发至出现明显纹路。

装饰

配料

打发淡奶油	80g
糖粉	50g
插牌	4 个

制作过程

1. 泡芙底部用筷子戳个洞。
2. 用装有打发淡奶油的裱花袋为泡芙充馅。
3. 在泡芙表面筛上糖粉。
4. 泡芙顶部插插牌装饰。

4

漫步星球

草莓牛奶

2瓶

草莓牛奶（2 瓶）

材料

草莓牛奶	1000g
吊牌	2 枚

制作过程

1. 将草莓牛奶倒入瓶中。
2. 将吊牌挂在瓶身上。

5

漫步星球

森林果果酱

7瓶

森林果果酱（7 瓶）

配方

森林混合果	250g
细砂糖	50g
柠檬汁	10g
樱桃酒	10g

制作过程

1. 将森林混合果、细砂糖、柠檬汁放入锅中。
2. 用中小火边煮边搅拌至糖溶化，液体沸腾。
3. 离火，待稍晾凉后加入樱桃酒。
4. 将所有原料混合均匀，制成果酱。
5. 将果酱分别装入 7 个果酱瓶中。
6. 将盖子盖紧即成。

装饰

材料

森林果果酱	7 瓶
瓶贴	7 组

制作过程

在每个果酱瓶身和顶部贴上瓶贴。

漫布星球·构图

器皿

白色长盘、白色蛋糕托盘、玻璃瓶、马芬杯子蛋糕架

构图

散点式构图

背景装饰物

铝箔氢气球、黑色 kt 板、字母贴纸

LOOK HERE

"汪星人"派对 9

Woo!
4
双色果冻杯
3
翻糖饼干
PARTY
PARTY
PARTY
Today is my birthday
LOOK HERE!
to my party!
Let's Party

单层主蛋糕

6 寸蛋糕底（2 个）

配方

鸡蛋	3 个
细砂糖	85g
低筋面粉	90g
玉米油	22g
牛奶	20g
香草精	5ml

（注：此为 1 个 6 寸蛋糕底配方量，需准备 2 个蛋糕底）

制作过程

1. 将鸡蛋磕入盆中，用电动打蛋器打散。
2. 加入细砂糖。
3. 用电动打蛋器高速打发至出现明显纹路，但很快消失。
4. 将电动打蛋器换低速打发至纹路不易消失。
5. 筛入低筋面粉。
6. 用手动打蛋器翻拌均匀。
7. 将玉米油、牛奶、香草精混合均匀。
8. 在混合物中加入一部分原面糊，用手动打蛋器翻拌均匀。

9. 将混合物倒回原面糊中。
10. 用刮刀翻拌均匀。
11. 将面糊倒入模具后轻震模具。
12. 将模具放入烤箱，上下火 170℃，烤约 35 分钟，至蛋糕表面呈金黄色。取出，倒扣在晾网上。

装饰 1

奶油霜配方

无盐黄油	1000g
糖粉	100g

制作过程

1. 将无盐黄油用电动打蛋器搅打均匀。
2. 加入糖粉。
3. 将无盐黄油打发至体积膨大、颜色变浅。

奶油霜调色

4. 取适量橙色色素混合适量奶油霜，调成橘色奶油霜。

（加入橙色色素后的效果）

装饰 2

蛋糕脱模及分层

1. 将双手 45° 角向内轻压蛋糕，使蛋糕体侧面与模具剥离。
2. 双手将蛋糕底部顶起。
3. 四指沿模具底托向下按压，使蛋糕体底部与模具剥离。
4. 用蛋糕分层器将蛋糕分层。
5. 将 2 个 6 寸蛋糕均分为 4 片。

奶油霜抹面

6. 在转盘中间放上防滑垫。
7. 在防滑垫上放蛋糕底托。
8. 蛋糕底托上抹少许奶油霜。
9. 将一片蛋糕放在底托中央。
10. 用刮刀取适量奶油霜放至蛋糕片上。
11. 再用抹刀将奶油霜抹平。
12. 将第二层蛋糕片放在奶油霜上面，用手轻压，使蛋糕整体平整。
13. 重复以上步骤至四片蛋糕全部摞好。
14. 用刮刀取适量奶油霜放至蛋糕顶部。
15. 用抹刀在顶部抹薄薄一层奶油霜。
16. 再用抹刀在侧面抹薄薄一层奶油霜。
17. 将蛋糕抹好后，放入冰箱冷冻约 20 分钟待表面变硬。
18. 取出，用抹刀将顶部、侧面白色奶油霜抹平。

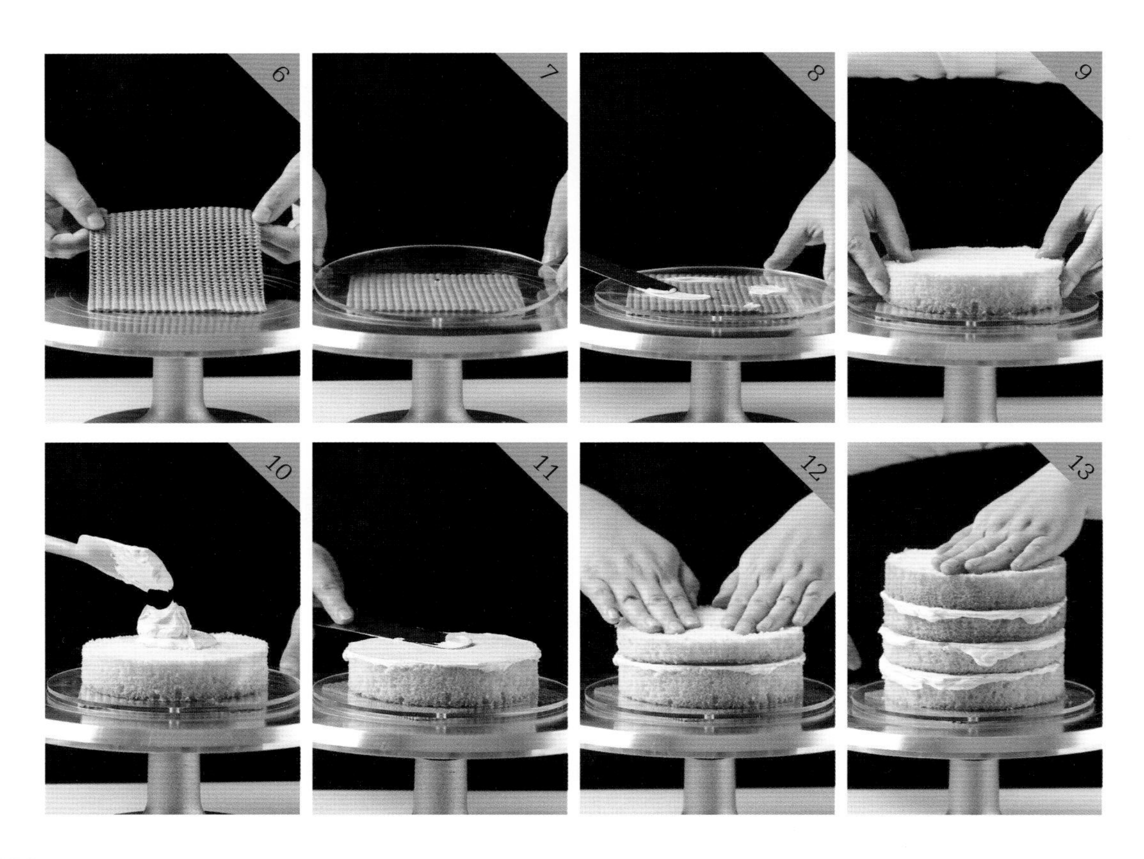

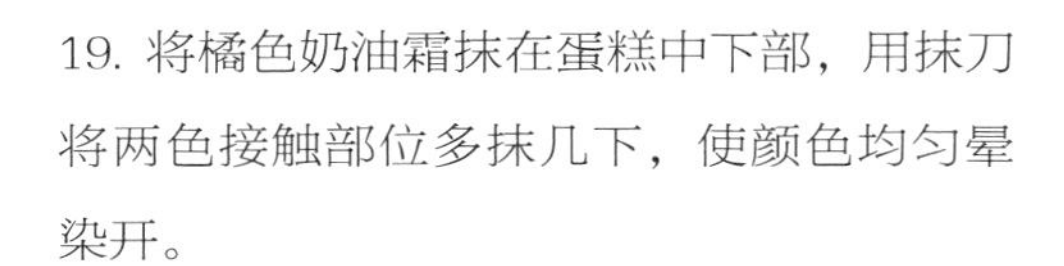

19. 将橘色奶油霜抹在蛋糕中下部，用抹刀将两色接触部位多抹几下，使颜色均匀晕染开。

20. 用刮板将侧面大致刮平即可。

21. 再用抹刀将顶部多余奶油霜收平。

22. 最后将蛋糕插牌摆放在蛋糕上即可。

橙味双色纸杯蛋糕

12个

橙味纸杯蛋糕（12 个）

配方

鸡蛋	3 个
细砂糖	85g
低筋面粉	90g
玉米油	22g
牛奶	20g
香草精	5ml
橙子果酱	20g

制作过程

1. 将鸡蛋磕入盆中，用电动打蛋器打散。
2. 加入细砂糖。
3. 用电动打蛋器高速打发至出现明显纹路，但很快消失。
4. 将电动打蛋器换低速打发至纹路不易消失。
5. 筛入低筋面粉。
6. 用刮刀翻拌均匀。
7. 将玉米油、牛奶、香草精、橙子果酱混合均匀。
8. 在混合物中加入一部分原面糊，用手动打蛋器翻拌均匀。

9. 将混合物倒回原面糊中。
10. 用刮刀翻拌均匀。
11. 将面糊装入裱花袋，挤入油纸杯中至八分满。
12. 将模具放入烤箱，上下火 170℃，烤约 25 分钟，至蛋糕表面呈现金黄色。

奶油霜

配方

无盐黄油	400g
糖粉	40g

制作过程

1. 将无盐黄油用电动打蛋器搅打均匀。
2. 加入糖粉。
3. 将无盐黄油打发至体积膨大、颜色变浅。

奶油霜调色

4. 取适量橙色色素混合适量奶油霜，调成橘色奶油霜。

（加入橙色色素后的效果）

装饰

橙味纸杯蛋糕配料

纸杯蛋糕	12 个
白色奶油霜	220g
橙色奶油霜	200g
好时巧克力	6 块

制作过程

1. 将白色和橘色奶油霜分别装入裱花袋中，前端剪开。
2. 再将两个裱花袋装入装有齿形裱花嘴的大裱花袋中。
3. 在纸杯蛋糕表面挤出火炬状。
4. 最后将半块好时巧克力放在纸杯蛋糕上即可。

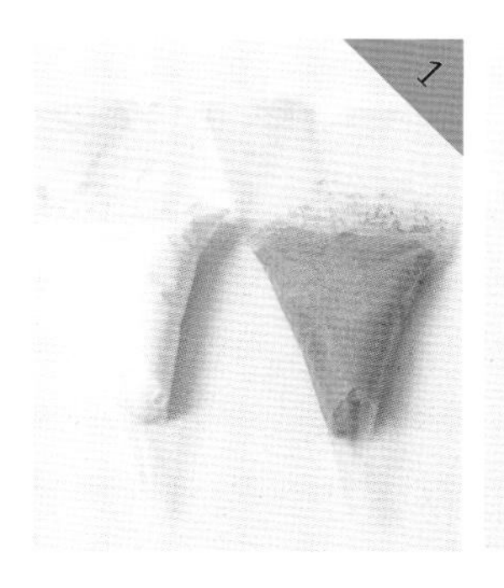

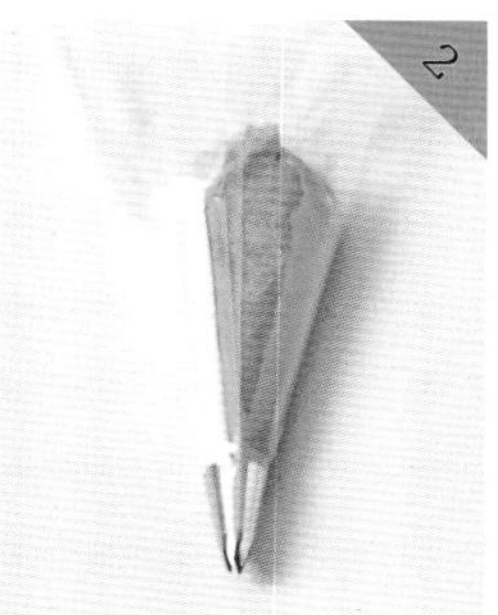

翻糖饼干

饼干规格:
直径 5cm
的圆模

6 块

黄油饼干底（6 块）

配方

无盐黄油	100g
细砂糖	80g
鸡蛋	50g
低筋面粉	270g
棒棒糖棍	6 根

制作过程

1. 将无盐黄油碾拌均匀。
2. 加入细砂糖。
3. 用刮刀混合均匀。
4. 在黄油中分 3 次加入鸡蛋，待前一次完全吸收后再加入下一次。
5. 筛入低筋面粉。
6. 用刮刀碾拌均匀。
7. 将饼干面整理至无干粉，成团。
8. 将面团装入保鲜袋中。

9. 用擀面杖将面团压成厚度 0.5cm 的饼干面饼。

10. 将面饼放在烤盘上，放入冰箱冷藏变硬。

11. 将面饼用模具刻出直径 5cm 的圆形饼干坯。

12. 将棒棒糖棍压入饼干坯中，码至烤盘内。

13. 将烤盘放入烤箱，上下火 170℃，烤约 15 分钟，至饼干表面呈现金黄色。

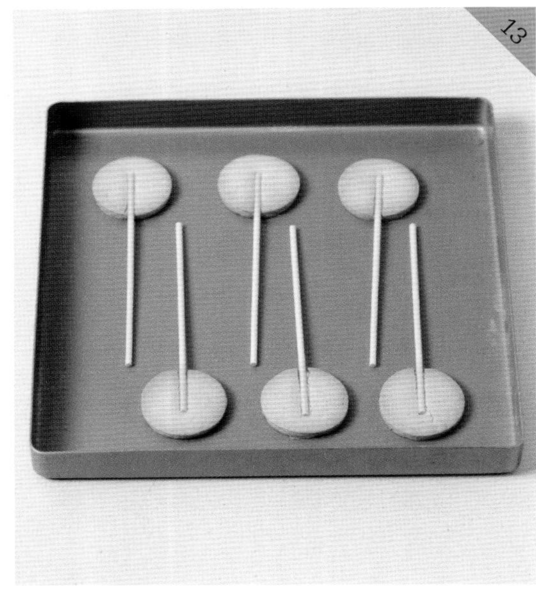

装饰

材料

白色翻糖	适量
橘色翻糖	适量
直径 5cm 的圆模具	1 个
字母印模	1 个
饼干	6 块

制作过程

1. 将橘色翻糖擀至粉圈厚度（1.5mm）。
2. 将翻糖粉扑在操作板上拍上防粘粉。
3. 用直径 5cm 的圆模具刻制翻糖片。
4. 在翻糖皮表面刷少量清水。
5. 将橘色翻糖片覆盖在饼干表面。将白色翻糖重复步骤 1~ 步骤 4 的操作，同样覆盖在饼干表面。
6. 再将 PARTY 字样组装在字母印模上。
7. 最后用字母印模印上 PARTY 字样即可。

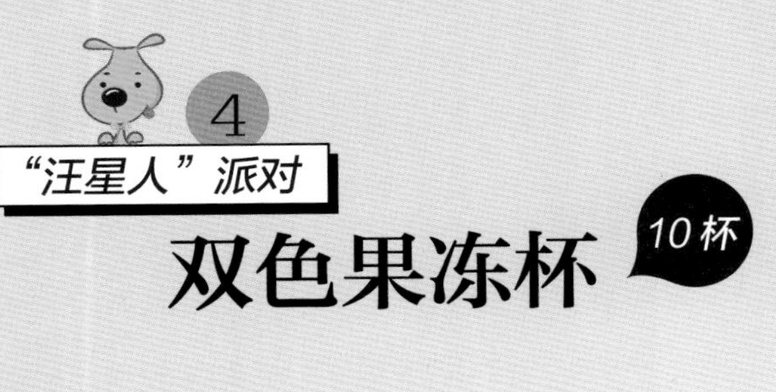

4

“汪星人”派对

双色果冻杯

10杯

汽水冻

配方

美年达	220g
细砂糖	20g
吉利丁片	10g

制作过程

1. 将吉利丁片剪小块，泡入凉水中软化，备用。
2. 将美年达和细砂糖放入锅中。
3. 中火煮至糖溶化，离火。
4. 将软化后的吉利丁片放入锅中。
5. 将全部原料搅拌均匀，制成果冻汁。
6. 待液体稍晾凉后倒入量杯中。
7. 将果冻汁倒入杯子中。
8. 再将杯子放入蛋糕模具中，放入冰箱冷冻至凝固。

奶冻

配方

牛奶	120g
淡奶油	100g
细砂糖	40g
吉利丁片	10g

制作过程

1. 将吉利丁片剪小块，泡入凉水中软化，备用。
2. 将牛奶、淡奶油和细砂糖放入锅中。
3. 中火煮至糖溶化，离火。
4. 将软化后的吉利丁片放入锅中。
5. 将全部原料搅拌均匀，制成奶冻汁。
6. 待液体晾凉后倒入量杯中。
7. 将奶冻汁倒入先前的果冻杯子中。
8. 放入冰箱冷冻至凝固。

5

“汪星人”派对

酸奶杯

12个

酸奶杯（12 个）

材料

酸奶	960g
酸奶杯	12 个
贴纸	12 枚

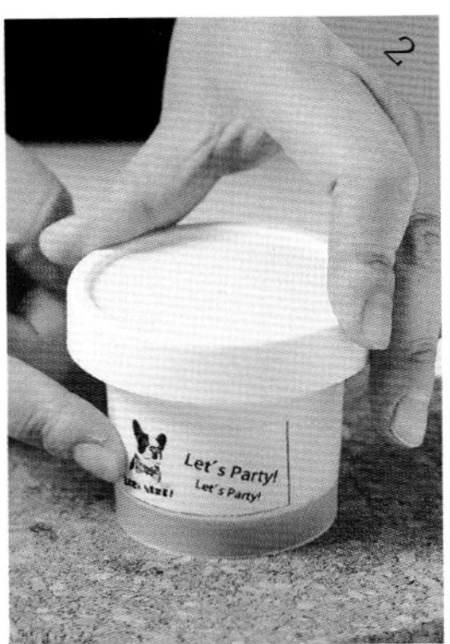

制作过程

1. 每个酸奶杯中倒入 80g 酸奶，拧紧杯盖。
2. 在酸奶杯上贴上贴纸即成。

“汪星人”派对·构图

器皿

白色蛋糕托盘、酸奶杯、慕斯杯、细杯子蛋糕架

构图

水平式构图

背景装饰物

汪星人贴纸、白色 kt 板、透明氢气球、黑色气球、

白色气球、灰色气球、橘色气球

1
单层主蛋糕
5
牛奶
3
马卡龙棒棒糖

/ 带芙尼派对 / 10 /

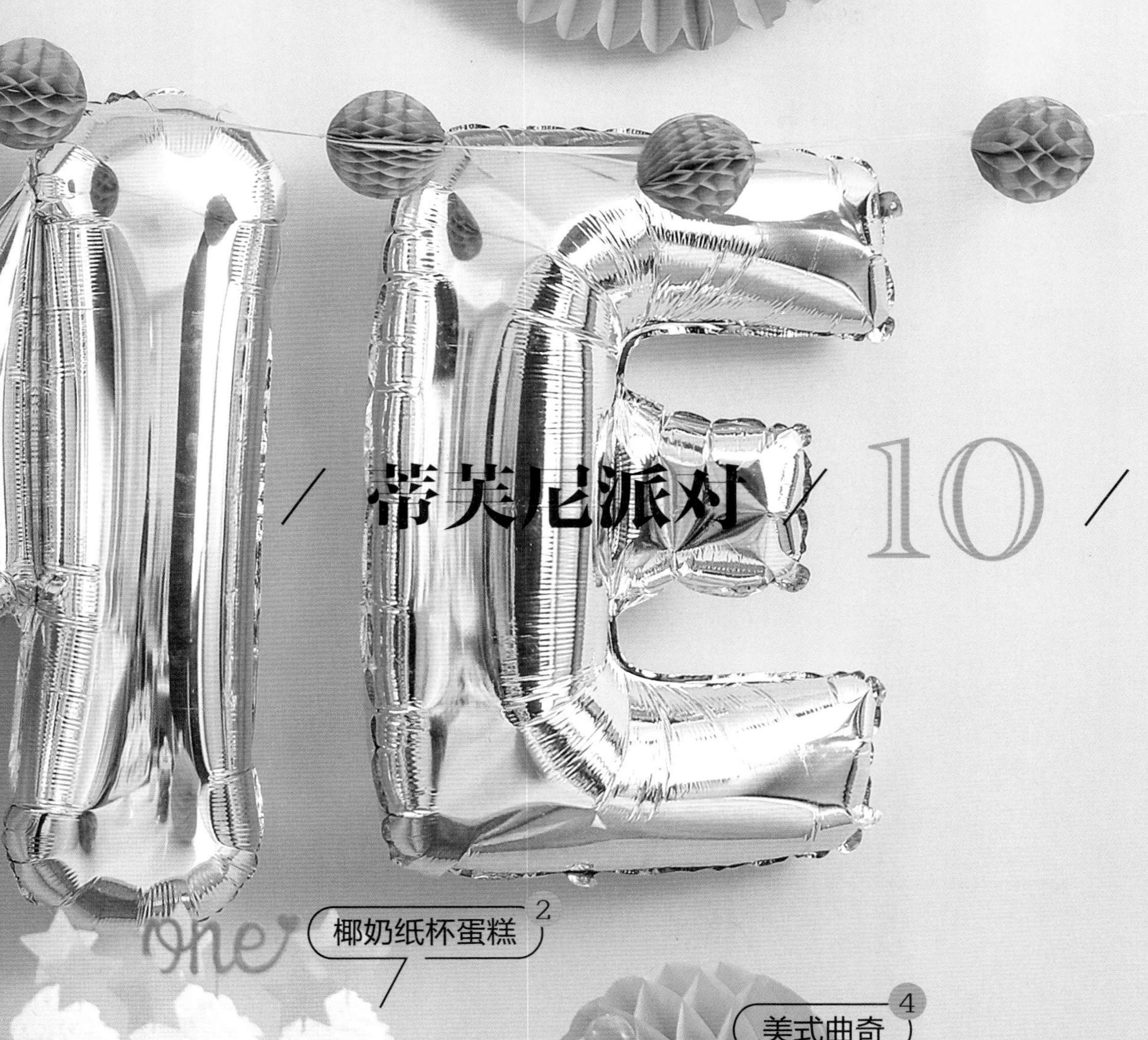

Happy Birthday
1
蒂芙尼派对
单层主蛋糕
1个

6 寸蛋糕底（2 个）

配方

鸡蛋	3 个
细砂糖	85g
低筋面粉	90g
玉米油	22g
牛奶	20g
香草精	5ml

（注：此为 1 个 6 寸蛋糕底的配方量，需准备 2 个 6 寸蛋糕底）

制作过程

1. 将鸡蛋磕入盆中，用电动打蛋器打散。
2. 加入细砂糖。
3. 用电动打蛋器高速打发至出现明显纹路，但很快消失。
4. 将电动打蛋器换低速打发至纹路不易消失。
5. 筛入低筋面粉。
6. 用手动打蛋器翻拌均匀。
7. 将玉米油、牛奶、香草精混合均匀。
8. 在混合物中加入一部分原面糊，用手动打蛋器翻拌均匀。

9. 将混合物倒回原面糊中。
10. 用刮刀翻拌均匀。
11. 将面糊倒入模具后轻震模具。
12. 将模具入烤箱，上下火 170℃，烤约 35 分钟，至蛋糕表面呈金黄色。取出，倒扣在晾网上。

奶油霜

配方

无盐黄油	1000g
糖粉	100g

制作过程

1. 将无盐黄油用电动打蛋器搅打均匀。
2. 加入糖粉。
3. 将无盐黄油打发至体积膨大、颜色变浅。

装饰

刻制翻糖片

1. 将蒂芙尼色翻糖擀至粉圈厚度（1.5mm）。
2. 用翻糖粉扑在操作板上拍上防粘粉。
3. 用直径 1cm 的圆模具刻制翻糖片
4. 刻制出若干圆形翻糖片，备用。

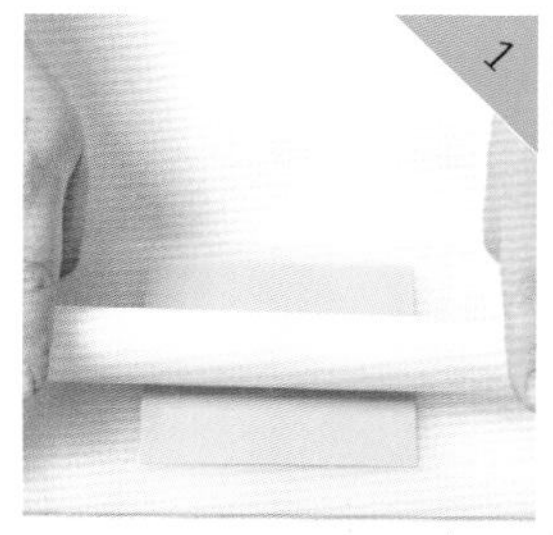

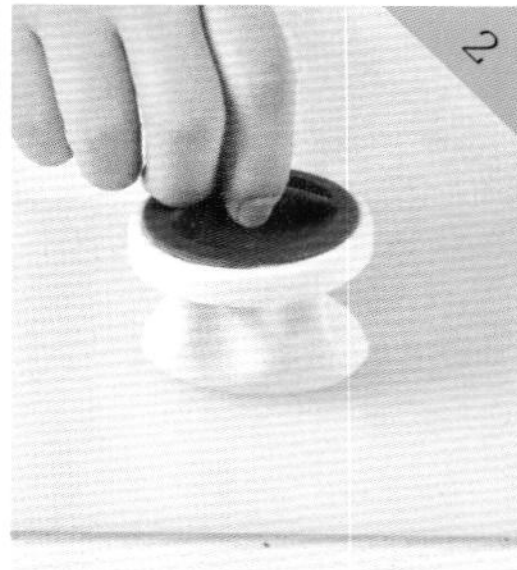

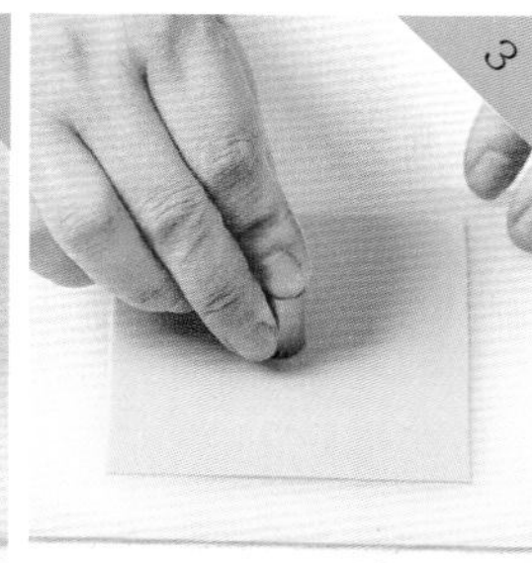

蛋糕脱模及分层

5. 将双手 45° 角向内轻压蛋糕，使蛋糕体侧面与模具剥离。
6. 双手将蛋糕底部顶起。
7. 四指沿模具底托向下按压，使蛋糕体底部与模具剥离。
8. 用蛋糕分层器将蛋糕分层。
9. 将 2 个 6 寸蛋糕均分为 4 片。

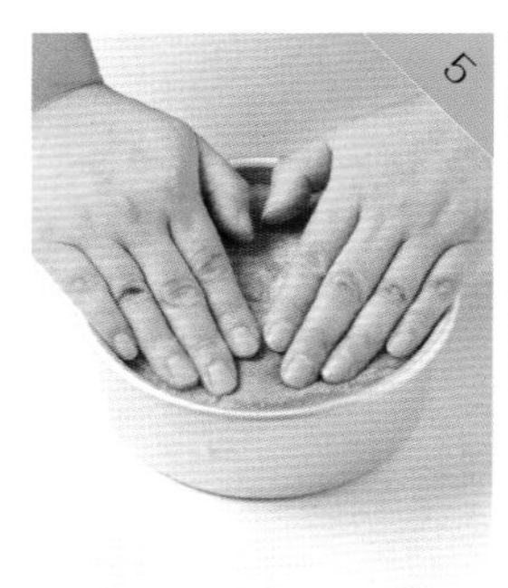

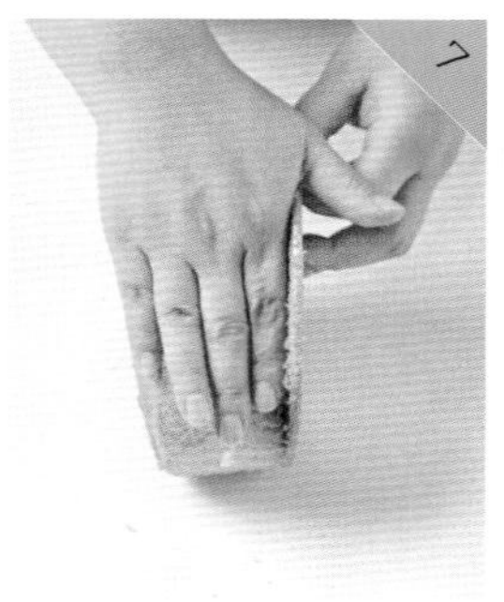

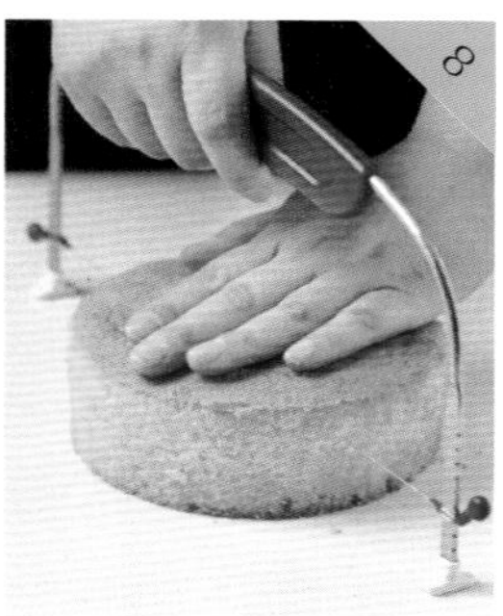

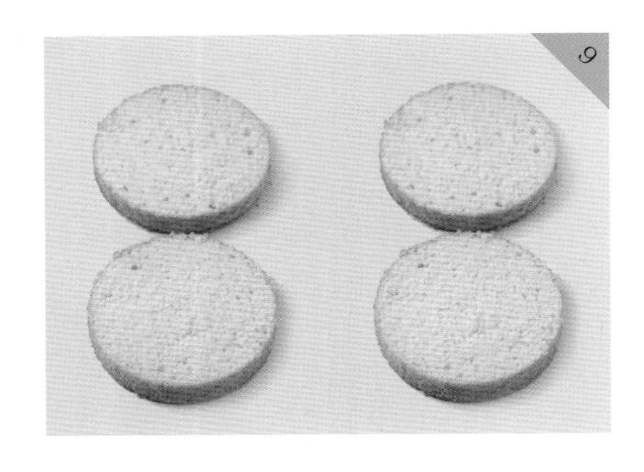

奶油霜抹面

10. 在转盘中间放上防滑垫。

11. 在防滑垫上放蛋糕底托。

12. 蛋糕底托上抹少许奶油霜。

13. 将一片蛋糕放在底托中央。

14. 用刮刀取适量奶油霜放至蛋糕片上。

15. 再用抹刀将奶油霜抹平。

16. 将第二层蛋糕片放在奶油霜上面，用手轻压，使蛋糕整体平整。

17. 重复以上步骤至四片蛋糕全部摞好。

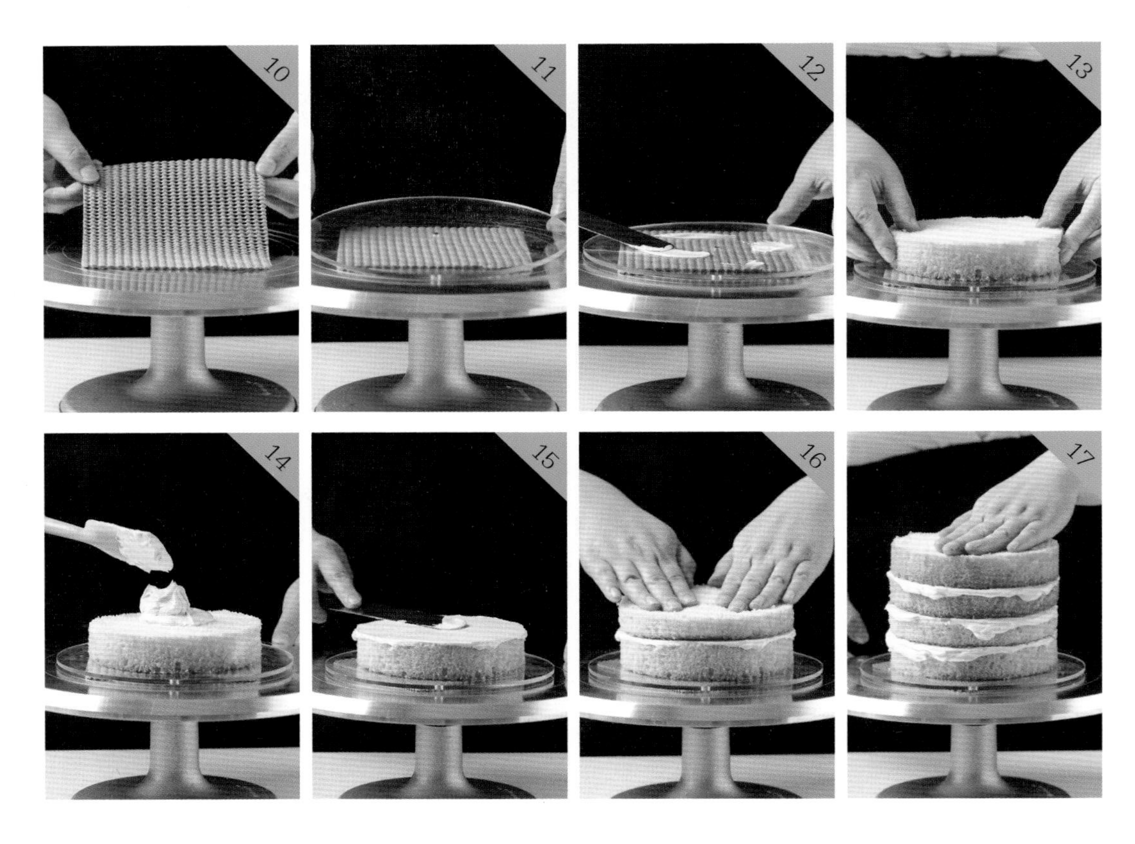

18. 用刮刀取适量奶油霜放至蛋糕顶部。
19. 用抹刀在顶部抹薄薄一层奶油霜。
20. 再用抹刀在侧面抹薄薄一层奶油霜。
21. 将蛋糕抹好后，放入冰箱冷冻约 20 分钟待表面变硬。
22. 用抹刀将顶部、侧面白色奶油霜抹平。
23. 将翻糖小圆片均匀贴在蛋糕侧面。
24. 最后将蛋糕插牌摆放在蛋糕上即可。

2

蒂芙尼派对

椰奶纸杯蛋糕

8个

椰奶纸杯蛋糕（8 个）

配方

鸡蛋	2 个
细砂糖	56g
低筋面粉	60g
玉米油	15g
凉开水	10g
椰子粉	7g
香草精	3ml

制作过程

1. 将鸡蛋磕入盆中，用电动打蛋器打散。
2. 加入细砂糖。
3. 用电动打蛋器高速打发至出现明显纹路，但很快消失。
4. 将电动打蛋器换低速打发至纹路不易消失。
5. 筛入低筋面粉。
6. 用手动打蛋器翻拌均匀。
7. 将玉米油、凉开水、椰子粉、香草精混合均匀。
8. 在混合物中加入一部分原面糊，用手动打蛋器翻拌均匀。

9. 将混合物倒回原面糊中。
10. 用刮刀翻拌均匀。
11. 将面糊装入裱花袋中。
12. 挤入油纸杯中，至八分满。
13. 将模具放入烤箱，上下火 170℃，烤约 25 分钟，至蛋糕表面呈现金黄色。

奶油霜

配方

无盐黄油	260g
糖粉	26g

制作过程

1. 将无盐黄油用电动打蛋器搅打均匀。
2. 加入糖粉。
3. 将无盐黄油打发至体积膨大、颜色变浅。

装饰

配方

椰奶纸杯蛋糕	8 个
奶油霜	280g
蛋糕插牌	8 个

制作过程

1. 将奶油霜装入装有齿形裱花嘴的裱花袋中，在纸杯蛋糕上面挤出火炬状。
2. 插入蛋糕插牌即成。

3

蒂芙尼派对

马卡龙棒棒糖

9个

马卡龙

配方（直径4cm，约30片）

蛋白	50g
细砂糖	25g
海蓝色色素	少许
糖粉	113g
杏仁粉	75g

制作过程

1. 在蛋白中加入海蓝色色素。
2. 用电动打蛋器将蛋白打散。
3. 在蛋白中分三次加入细砂糖，用电动打蛋器中速搅拌。
4. 搅拌至提起电动打蛋头蛋白霜呈弯钩状。
5. 将糖粉、杏仁粉混合均匀。
6. 分三次在蛋白霜中加入糖粉、杏仁粉混合物，每次翻拌均匀后再加下一次。

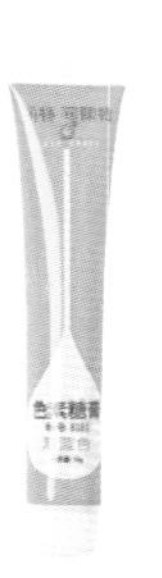

7. 用刮刀翻拌调整流动性，呈飘带状即可。
8. 将蛋白糊装入裱花袋中，在烤盘上挤出直径 4cm 的马卡龙糊。
9. 轻震烤盘，晾皮。将模具放入烤箱，上下火 150℃，烤约 18 分钟。

奶油霜

配方

无盐黄油	50g
糖粉	5g

制作过程

1. 将无盐黄油用电动打蛋器搅打均匀。
2. 加入糖粉。
3. 将无盐黄油打发至体积膨大、颜色变浅。

马卡龙棒棒糖

配方

马卡龙片	18 片
白色奶油霜	55g
棒棒糖棍	9 根
蝴蝶结	9 个

制作过程

1. 将奶油霜挤到马卡龙片上。
2. 将棒棒糖棍插入奶油霜中。
3. 再将两片马卡龙片对齐，将奶油霜稍稍挤压一下。
4. 将马卡龙棒棒糖平放在烤盘上，放入冰箱冷冻至夹心凝固。
5. 在棒棒糖棍表面粘贴双面胶。
6. 将蝴蝶结粘贴在棒棒糖棍上即可。

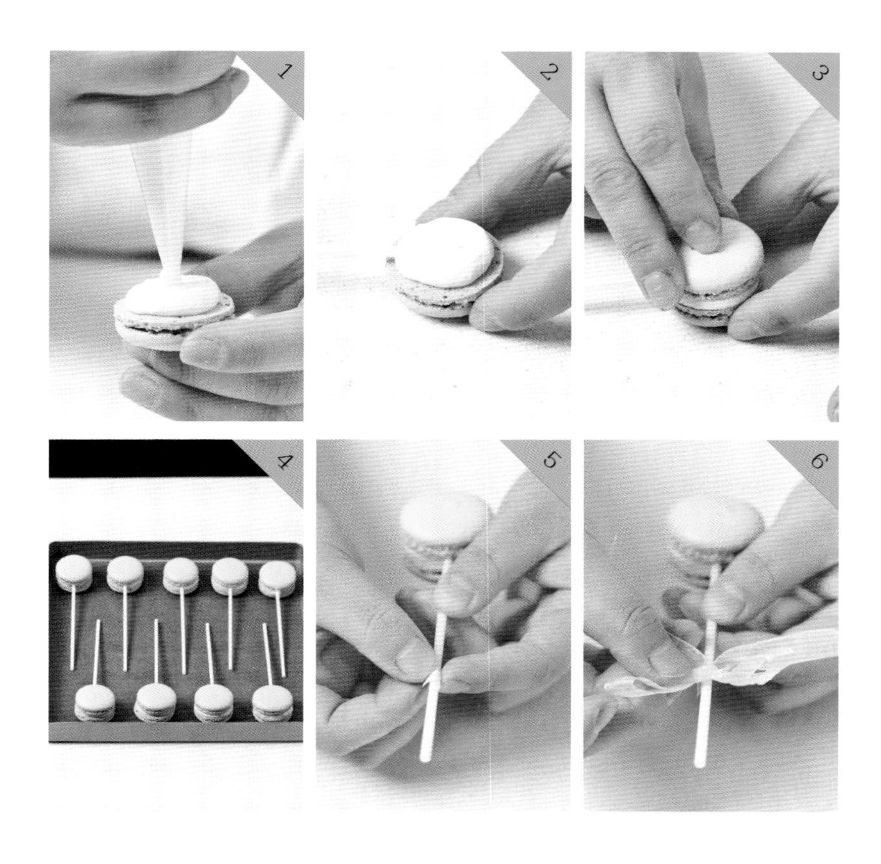

4
蒂芙尼派对
美式曲奇
45块
one
Birthday Party

美式曲奇（约 45 块）

配方

无盐黄油	100g
红糖	70g
盐	0.5g
鸡蛋	1 个
低筋面粉	155g
苏打粉	2.5g
耐烤巧克力豆	40g

制作过程

1. 将无盐黄油用电动打蛋器搅打均匀。
2. 加入红糖。
3. 用电动打蛋器搅打均匀。
4. 分次加入全蛋液，待前一次完全吸收后再加入下一次。
5. 筛入低筋面粉。
6. 加入耐烤巧克力豆。
7. 用刮刀翻拌均匀。
8. 将面糊装入保鲜袋中，用手压平。放入冰箱冷藏约 20 分钟。

9. 将饼干面团按每个 9g 进行称重。

10. 将称量好的饼干面团搓圆，摆在烤盘上，然后用手压扁。

11. 将烤盘放入烤箱，上下火 170℃，烤约 15 分钟，至饼干表面呈现金黄色。

5

蒂芙尼派对

牛奶 2瓶

蒂芙尼派对 · 构图

器皿

白色长盘、白色蛋糕托盘、玻璃茶罐、纸灯笼、牛奶瓶

构图

中心式构图

背景装饰物

One 字样铝箔气球、蓝色灯笼串、纸扇、蓝色 kt 板

/ 格调北欧 / 1 / 摆台配件 P30

DaGongJia Baking House.

Dagongjia Baking House.

/ 童年时光 / 2 / 摆台配件 P46

/ 少年小海军 / 3 / 摆台配件 P80

JOEL
HAPPY
Birthday
ONE

Dessert Table

2019

Dagongjia Baking House.

Dessert Table

2019

Dagongjia Baking House.

Dessert Table

2019

Dagongjia Baking House.

Dessert Table

2019

Dagongjia Baking House.

Dessert Table

2019

Dagongjia Baking House.

Dessert Table

2019

Dagongjia Baking House.

实用小知识

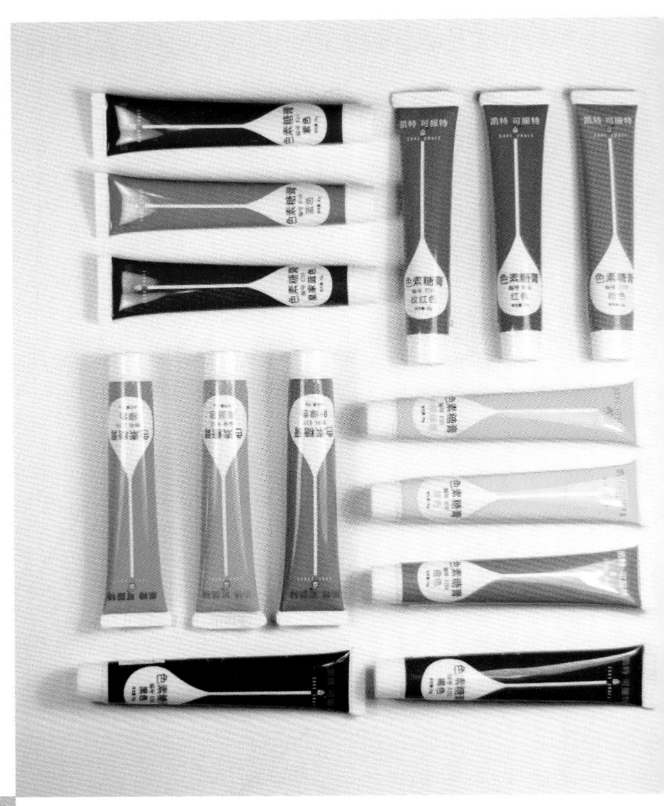

色素的使用与保存

翻糖调色时，最好使用膏状色素，可以最大程度地减少糖膏因大量色素的加入，质地发生改变的情况。当需要调浅色糖膏时，需遵从少量多次的原则，防止一次上色过深的情况发生。美国 Cake Craft 色素上色正、无色差，更在设计中贴心地采用了方便挤出需要量的管状包装设计，易使用，易保存，不易泄漏，不容易残留。

翻糖膏的使用与保存

当制作翻糖蛋糕时，覆盖在蛋糕体表面的一层翻糖就是翻糖膏。翻糖膏质地柔软、干燥慢才易于操作。蛋糕包面时，新手常由于操作手法不熟练导致失败。这时候一款不易干燥可复揉多次的 Cake Craft 翻糖膏就显得尤为珍贵了。

翻糖膏在使用时，要先将刚取出的糖膏揉软，并加入色素调至需要的颜色。硅胶垫上涂适量白油，将糖膏揉至光滑无明显裂缝的状态后，擀成合适的大小，覆盖在蛋糕体上。一圈圈，边打开糖皮的皱褶，边使展开的部分贴附在蛋糕上。最后沿底边，切去多余部分，一个完整的翻糖蛋糕就包好面了。

无论是翻糖膏还是干佩斯开封后都要密封常温保存。将用剩的糖膏包裹上保鲜膜，再放入排好空气的密封袋中，尽快使用即可。

翻糖蛋糕上面的糖花装饰则是使用了干佩斯。干佩斯比翻糖膏延展性好，干燥快，硬度高。适合塑造各类复杂的花型。干佩斯使用时要注意将用剩的边角料及时揉成团放置于密闭小袋中保存，否则干佩斯在空气中极易干燥变脆，会造成原料的浪费。美国 Cake Craft 的干佩斯设计有多款缤纷常用颜色，最大程度地帮助大家避免因长时间调整颜色或色素量加过多，而造成的干佩斯失水或过软难以做出理想花型的问题。

一款好的翻糖膏不但需要易于操作，也要有好的味道。美味的 Cake Craft 翻糖膏，让人们改变翻糖不好吃的旧观念，清甜奶香，丝滑口感，能为大家创造新的独家美味回忆。

注意事项与小贴士

1. 无论是干佩斯还是翻糖膏，在制作过程中一定要将暂时不用的糖膏及时密封保存起来，暴露在空气中的糖膏会失水变硬，变得难以使用。

2. 翻糖膏和干佩斯过软时，可以添加适量泰勒粉揉到糖膏中，增加硬度。

3. 糖膏操作中若粘硅胶垫、擀面杖，可以使用白油或玉米淀粉防粘。

4. 糖膏调浅色时，最好加完色素完全揉匀后再加下一次色素。防止有未揉匀的色素，影响对颜色深浅的判断，导致上色过重。

5. 使用后的色素用湿布擦去包装外溢出的颜色，拧紧瓶盖。倒置一会，看有无液体漏出。如果容器的密封效果不好，也会影响色素的保存。不用的色素放置于干燥阴暗的地方保存。在保质期内使用完毕即可。

绝美蛋糕艺术尽在
Cake Craft
CAKE CRAFT
gourmet cakes by you
Cake Craft Factory ,LLC
2001 Platinum ST. Garland, TX 75042
WWW.CAKECRAFTUSA.COM
微信
淘宝
微博
中国区总代理：无锡嘉思维国际贸易有限公司
电话：0510-82721128
地址：无锡市太湖大道1008号卡摩尔生活广场E1001